环境监测技术与方法的优化研究

鲁艳春　刘君萍　著

电子科技大学出版社
University of Electronic Science and Technology of China Press
·成都·

图书在版编目（CIP）数据

环境监测技术与方法的优化研究 / 鲁艳春，刘君萍
著. 一 成都：电子科技大学出版社，2023.8
ISBN 978-7-5770-0393-1

Ⅰ．①环… Ⅱ．①鲁… ②刘… Ⅲ．①环境监测—研
究 Ⅳ．①X83

中国国家版本馆 CIP 数据核字(2023)第 129285 号

环境监测技术与方法的优化研究
HUANJINGJIANCEJISHU YU FANGFA DE YOUHUAYANJIU
鲁艳春　刘君萍　著

策划编辑　　罗国良
责任编辑　　罗国良

出版发行　　电子科技大学出版社
　　　　　　成都市一环路东一段 159 号电子信息产业大厦九楼　邮编 610051
主　　页　　www.uestcp.com.cn
服务电话　　028-83203399
邮购电话　　028-83201495

印　　刷　　北京京华铭诚工贸有限公司
成品尺寸　　170mm×240mm
印　　张　　13.5
字　　数　　258 千字
版　　次　　2023 年 8 月第 1 版
印　　次　　2024 年 1 月第 1 次印刷
书　　号　　ISBN 978-7-5770-0393-1
定　　价　　78.00 元

前　言

　　环境问题不仅关乎人们的身体健康,而且对我国可持续发展战略的实施发挥着重要作用。近几年来,我们国家的经济水平有了很大程度的提高,但由此带来的环境问题依然不容乐观。为了可持续发展,实现碳达峰和碳中和目标,实现人类命运共同体的目标,在城市发展规划中既要发展经济,又在兼顾生态环境的保护,使经济和生态环境同步高质量发展。相关监督管理部门要充分重视生态环境监测技术的价值,在环境保护规划和方案落实相应的内容,促进环境保护工作的高质量发展,建立完善的生态环境监测体系,以便进一步掌握生态环境状况,制定更加合理的生态保护标准、规范、保护规划、生态控制规范、要求等,为碳达峰、碳中和提供依据,实现经济效益和环境效益的共赢。所以,在我国开展生态环境监测技术的研究,是非常有实际意义的,必须引起足够的重视,为改善环境提供强有力的技术支撑和技术保障,推动环境保护工作的全面进步与发展。

　　《环境监测技术与方法的优化研究》一书从生态环境监测技术概述入手进行阐述,全书共七章,涵盖生态环境监测技术概述、水和废水监测技术、空气和废气监测技术、固体废物监测技术、土壤污染监测技术、生物污染监测技术与环境污染防治的监测新技术。本书以生态环境监测技术研究与优化为重点研究内容,以生态环境监测技术为宏观主题,深入探究生态环境监测技术与方法的前沿理论。本书内容框架完善,每一个章节都做了详细的阐述与分析,为生态环境监测技术与方法的优化研究建构了可资借鉴的理论基础。本书论述严谨,条理清晰,内容丰富新颖,是一本值得学习研究的著作。

　　生态环境监测是环境保护工作的根本,它是贯彻落实环境保护法律的基础,是进行污染治理、环境科研、设计规划、环境管理不可或缺的重要手段,是环境质量评价和企业全面质量管理的重要组成部分。通过监测环境中的各个要素及污染物,来了解并评估环境质量的现状及发展趋势,并对污染物排放单位展开监督管理,从而为政府部门有效地执行各项环境法规、标准,全面地进行环境管理,提供准确、可靠的监测数据和信息。

该书可作为环境管理者、环境研究人员、环境保护技术工作者及高等院校环境保护类专业教师和学生阅读参考用书。

由于时间仓促,加之笔者能力有限,书中的不足之处在所难免,望广大读者批评指正。

著　者

2023 年 7 月

目 录

第一章

生态环境监测技术概述

生态环境监测是生态环境保护的重要基础，也是生态文明建设的重要支撑，是生态环境保护的"法宝"与"利器"。自党的十八大以来，我国的生态环境监测工作取得了积极进展，生态环境监测的网络与技术得到了不断完善与发展。自 20 世纪 70 年代以来，我国生态环境监测事业从无到有，由小到大，不断发展完善，从"跟跑"变为"并跑"，并向"领跑"迈进的基础上，立足新发展阶段，为推动高质量发展，在支撑落实生态环境保护责任、提高生态环境监测服务效能，建设美丽中国中发挥了积极的作用。

生态环境监测改革与生态环境管理转型相伴相随。以提高环境质量为中心的环境管理体系逐渐建立起来，以生态环境质量监测数据为基础，对我国的生态环境进行考核、排名和预警，对我国的生态环境监测体系进行了重新塑造。当前，我国的生态环境监测网络已经对环境质量、污染源和生态质量三个方面进行了全面的覆盖，监测指标项目与国际接轨，基本实现了陆海统筹、天地一体、上下协同、信息共享(图 1-1)。

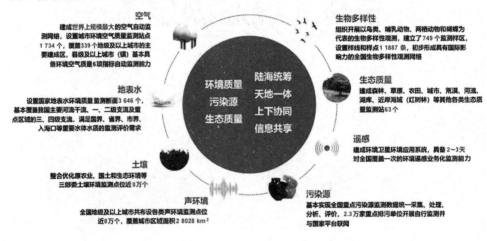

图 1-1 我国生态环境监测网络

生态环境监测的内涵：根据山水林田湖草系统观的要求，以准确、及时、全面地反映生态环境现状和变化趋势为目标而进行的监测活动，具体包括了环境质量、污染源和生态质量的监测。其中，环境质量监测是指将环境质量状况和变化趋势作为目标，涵盖了大气、地表水、地下水、海洋、土壤、辐射、噪声、温室气体等全部环境要素；污染源监测是指将污染排放状况和变化趋势作为目标，涵盖了固定源、移动源、面源等全部排放源。生态状态监测旨在了解生态系统的数量、质量、结构和服务功能的时空分布规律以及它们的变化趋势，涵盖森林、草原、湿地、荒漠、水体、农田、城乡、海洋等全部典型生态系统。环境质量监测、污染源监测和生态状况监测三者之间相互关联、相互影响、相互作用。

生态环境监测开展的一般工作流程为：研究对象调查、监测方案设计、优化布点、现场样品的采集、样品的运送与保存、样品分析测试、数据统计处理、综合分析与评价、存在的问题、对策和建议等过程。简而言之，就是调查—计划—采集—测试—综合分析—查找问题—对策和建议的过程。

随着经济发展带来的环境问题，生态环境监测的内容不断地延伸、丰富和完善，从对单纯的污染源、环境质量监测，扩展到对整个生态环境的监测，增加了遥感、生态质量、生物多样性监测等。国务院办公厅于 2015 年 7 月 26 日以国办发〔2015〕56 号印发《生态环境监测网络建设方案》，要求至 2020 年初步建成与生态文明建设要求相适应的建立一个陆地、海洋、天空、地面、上下协同、信息共享的生态环境监测网，初步实现对环境质量、重点污染源和生态状况的全覆盖；实现不同层次、不同类型的监控数据系统间的互联共享；监测与监管的协同联动，显著提升监测预报预警、信息化能力以及保障水平。

第一节　生态环境监测技术的作用和意义

一、生态环境监测技术的作用

（一）生态环境监测技术在污染控制与治理中的作用

环境污染问题已成为人们共同面临的全球问题，对于污染的控制与治理工作，世界各国也愈加重视。近年来，为了迎合实际工作需要，越来越先进、快速、方便的监测技术被开发应用，提高了监测数据的快速、实时、精确等性能，大大保证了污染控制治理工作的顺利开展。通过对这些准确、实时数据的综合分析，环境保护工作者采取了有针对性的污染物处理措施，提高了解决污染事件处理的能力和效率。例如，在大气污染排查中，监督机构通过对烟囱在线监测实时排放数据的评估，判断企业产排污情况，是否存在超标排放情况；企业根据实时排放数据，评估废气处理设施或处理工艺的处理效果，可进一步判断是否存在机器故障等。

(二)生态环境监测技术在环境标准制定中的作用

环境质量标准、污染物排放标准等环境相关标准的制定离不开对现实环境状况的调查与分析，这当然需要生态环境监测技术的应用。环保工作者利用现代监测技术和设备对区域内的各环境因子(大气、水、土壤、固体废物、生物、海洋、温室气体、生物多样性等)进行综合的分析，并进行科学的评价，为制定相应的环境标准提供了依据。通过标准的实施使生态环境的质量持续提升。在制定环境方法标准中，更是需要利用通用、稳定的监测技术实现对环境中污染物的标准化量化。通过标准化尽量减少系统误差和偶然误差，实现监测信息的准确性，保证监测信息的可比性，提供科学数据，促进生态环境的良性发展。

(三)生态环境监测技术在环境评估中的作用

生态环境监测技术是开展环境评估工作的基础，针对现有环境质量进行评估时，需要识别环境评价因子，利用生态环境监测技术确定各评价因子的定性定量数据，并结合当前区域环境情况进行评判。

环境评价因子涉及的要素较多，需要针对当前环境中具有代表性因子的相关信息进行采集，环保工作者利用监测技术获得相应因子的信息，这些信息也需要符合环境评估工作的要求，才能进一步被使用，这样才能确保评价结果的准确、客观。除此之外，生态环境监测技术还是开展环境保护工作的监督手段，利用监测确定产排污位置、产排污量及污染物种类等，保证监督部门开展环境评估工作的顺利进行，并及时定位到可能违法的企业和个人。为环保执法提供证据，使环保主管部门对重点监管企业进行重点监控，促使其优化生产工艺，把经济效益和环境效益有机结合起来，实现地方生态环境的良性发展。

(四)生态环境监测技术在城市设计及规划中的作用

随着城市人口的快速增长，城市化过程中环境问题日益凸显，大气污染、水污染、噪声污染等问题严重影响着人们的生活。为了更好地适应新的时期城市设计、规划和管理的发展需要，对城市生态环境质量的监控是必然之路。利用多样化的现代监测技术掌握城市环境质量状况，为调整城市结构，优化城市布局提供必不可少的信息。例如，根据对监测结果的分析研究，避开重大污染源对敏感区的生态环境的影响，实现城市发展过程中环境外部经济性。因此，在对城市进行规划设计时，需要将生态环境监测技术带来的各种有效信息，应用到城市建设的具体工程当中，保证城市发展和环境保护的有机结合。

（五）生态环境监测技术在经济建设中的作用

经济的发展对社会的发展起到了推动作用，在人类所走过的工业化道路中，经济发展促进了社会进步，但也带来了环境问题，人类通过近百年来的探寻，找到了解决这个问题的新思路：实现经济增长和环境保护协调统一，实现二者共赢，既发展经济，又不破坏生态环境，坚持一起发展，同步进步，同步规划，同步进行，实现人类社会的协调发展。当然，这个过程不是一蹴而就的，需要各行各业的努力，为了保证社会经济效益而又不影响其环境效益，需要生态环境监测技术融入各行各业，提供科学、准确的数据，如在企业中实现清洁生产、推行产品生命周期理论、引入国际化的企业管理体系等。

（六）生态环境监测技术在科学发展上的贡献

技术的进步离不开科学的发展，反之，技术的进步也会推动科学的发展，二者相生相惜。例如，爱因斯坦统一场论是其后半生研究的主题，可是由于受限于相关技术的发展，终其半生也无所获。因此，生态环境监测通过自身技术的发展为科学发展提供测量各种指标的最新技术手段，推动科学自身的进步。例如，通过检测技术找出藏量丰富的自然资源，天然气的开采和利用，改变了我们生活中的用能结构，从而推动了新能源的科研工作。通过碳排放监测技术、规范、方法的实施，为碳达峰、碳中和提供技术支撑，为应对气候变化作出贡献，实现我国对国际社会的郑重承诺。

二、生态环境监测技术的意义

环境科学是基于20世纪环境问题的频发，人们为解决这个问题而逐渐形成的一门学科，生态环境监测技术就是随着环境科学学科体系的建立而产生的。现代生态环境监测技术结合现代仪器设备、遥感影像、无人机等技术了解区域生态环境的现状和变化趋势，所以，在进行生态环境监测的同时，也要加强对生态环境的监测。

（1）生态环境监测技术是实现环境保护工作的重要手段。在工业化加速发展的同时，震惊世界的污染事故层出不穷，环境污染问题日益普遍化，世界各国相继出台了约束和治理环境污染的许多政策、标准和法律法规等。而实施这些文件的基础，就需要生态环境监测技术的应用，针对环境污染问题进行综合检测和分析，反映环境质量的真实状况，为环境相关人员客观地开展工作提供基础。

(2)生态环境监测技术指明环境保护工作的方向。环境保护工作是一项系统工程，需要政府、企业、个人各方协调配合和积极参与才能最终实现社会、经济、环境的协调发展。因此，要解决污染及生态破坏问题，需要利用现代生态环境监测技术对污染源、污染程度、污染趋势进行排查分析，提出环境保护的工作方向，有针对性地解决实际问题，提高环境保护工作效率，推动环境保护工作健康发展。

(3)生态环境监测技术为环境保护工作提供有力的数据支持。生态环境监测通过化学分析技术、物理检测技术、遥感卫星监测技术等为环境保护工作提供实时、在线数据，这些数据是环保工作者了解污染物种类、数量、形态及传播途径的依据，也是制定正确环境保护方案和环保相关法律法规的依据。

(4)生态环境监测技术是及时应对突发性环境污染事故的前提。在自然和人类活动中，由于某种原因导致环境偏离了"动态平衡"，引起环境质量短时间的激烈变化，产生严重局部污染，形成了突发性环境污染事故。针对突发性事故的时间紧迫性，需要利用先进快速的技术手段及时找出污染源、污染物，及时确定污染物扩散速度和范围，为快速制订和及时启动应急预案争取时间，并将事故造成的负面危害降到最低。

(5)生态环境监测技术为实现环境保护监督服务提供技术支持。生态环境监测贯穿环境保护工作的始终，无论是项目建设期、运行期及期满期都离不开生态环境监测工作。通过监测工作的介入，了解建设过程中带来的环境影响、运行期污染排放达标情况、期满后的处置情况，进一步发现环保措施中的漏洞和不足，及时调整环境保护工作的工作重点及方法，提升环境保护的工作效果。

(6)生态环境监测技术有利于激发人们的环保意识，进而可开展合理有效的环境保护工作。通过生态环境监测，行政职能部门、企业及公众获取相关区域环境信息，增强行政职能部门对环境的管控、企业的自我约束、公众对环境问题参与的积极性。以我国城市大气污染为例，随着大气污染问题愈发严重，使得全国各地空气质量严重下降，影响人们生活，不仅引起呼吸道疾病的高发，而且对我国国际形象也带来一定程度的负面影响。近年来，国家开始大力建设大气自动监测点，尤其是PM2.5站点的建设，政策标准上不断修订大气质量或污染控制的相关标准等，如 2018 年 7 月 31 日，生态环境部常务会议审议并通过《环境空气质量标准》(GB 3095—2012)修订。公众对于大气污染的认识也逐渐深刻，秸秆和垃圾随处焚烧现象大大减少，越来越多的人加入大气环境保护的工作中。

第二节 生态环境监测技术的类型与内容

生态环境监测技术根据监测流程可分为样品采集技术、检测技术、数据处理技术；根据监测手段可分为化学监测技术、物理监测技术、生物监测技术、遥感监测技术、卫星监测技术等；也可按使用技术的部门不同来分类，如环境资源监测技术、环境卫生监测技术和环境气象监测技术等。

一、按监测流程分类

(一)样品采集技术

环境介质是多样化的，包括水、气、土壤、生物、固体废物等不同形态的物质，相应的样品采集和处理也不是单一的，是复杂系统化的过程。因此，样品采集和处理技术需要根据样品外观、性状、质地等条件进行选择，如水样的采集需要配备采水器、采样容器、车、船等工具，大气采样需要专门的大气采样器、吸收剂、车等，具体内容在后面章节分别阐述。

样品采集极为重要，直接影响监测结果，因此采集的样品要有代表性、可比性和完整性。采样中存在误差，尤其人为因素影响最大，所以为了提高生态环境监测采样质量，需要加强样品采集过程中的质量保证。造成样品不具有代表性的原因较多：①采样工具和容器不规范选择，如选择塑料容器装测定有机项目的样品等。②采样人员现场操作不当，在水样采集、处理中出现误差，如采集地下水样分析金属离子铝、锰、铜、锌等项目时需使用玻璃瓶盛装，经过滤后再加硝酸保护剂测的是可溶性元素含量；而不过滤加硝酸保护剂测的是元素总量。③生物、化学、物理等因素，如光、热、水、气、金属等容易与样本发生反应，造成样本成分变化。

另外，采样误差与实验分析误差并无关联，实验分析误差不能确定采样质量，样品采集误差需在采集阶段控制。具体可通过以下两方面进行控制：①采样操作规范化、制度化，详尽规范采样容器、采样指标、采样频次、采样点数、采样操作步骤及流程等；②强化采样人员责任意识，定期组织人员培训，强化岗位责任意识，提高个人业务能力素质，加强人员监督管理，减少问题出现。

（二）检测技术

环境中污染物成分、形态及结构分析，多采用化学分析法和仪器分析法。例如，水中悬浮物、残渣、石油类；大气中降尘、飘尘、硫酸盐化速率等的测定常用重量法；水中化学需氧量、硫化物、氰化物、酸碱度的测定常用容量法；金属离子、有机污染物、较多的无机化合物大都采用仪器分析法。

随着现代仪器分析技术的发展，光谱技术、色谱技术、联用技术等已普遍运用到环境污染物的定量和定性分析当中，如采用原子发射光谱法、电感耦合等离子发射光谱可同时定量分析几十种元素；采用紫外光谱法、红外光谱法、质谱法及核磁共振等技术可对污染物定性和结构分析；大气中 VOCs、S－VOCs 和水中氯酚类有机污染物的 GC－MS 技术测定包括有机卤化物（AOX）、总有机卤化物（TOX）的 IC 技术分析，吹扫捕集/气相色谱－冷原子荧光技术分析，液相色谱－原子荧光技术分析，液相色谱－质谱分析技术，气相色谱－MS－MS，ICP－MS 等分析技术。

环境中的病原菌、微生物常用生物技术进行检测，以了解其存在水平。生物检测技术是运用病原学、免疫学、生物化学试验和分子生物学检测技术对环境中的病原菌、微生物及有毒有害物质进行分析检测的过程，目前被运用在不同的生物学检测领域，如利用发酵或免疫法测定大肠杆菌，利用酶联免疫法检测微生物及农药残留等分析技术。

（三）数据处理技术

数据处理是指收集、整理、分析数据，找到研究问题中有用信息，判断环境问题，评价环境质量。在获取一定的监测数据后，运用高效科学方法进行处理，常用的方法包括有效数据规整、无效数据剔除、实验数据多重验证、时间序列分析等。

（1）有效数据规整是指为获得数据的合理性、准确性判断，利用有效方法筛选数据，并进行整理和分类，增加数据条理性，后续的数据分析比对工作更易进行。

（2）无效数据剔除是指由于生态环境监测中采样点数多，采样数量多，最后的数据结果比较庞杂，需要有目的地筛选，把握监测关键点，清除参考价值不大的数据信息，实现数据的更新，保证数据的可靠性。常用的有狄克法和格鲁布斯法。

（3）实验数据的多重验证是指对同一样本采取多次反复的实验检测，避免随机误差的影响。由于环境指标检测方法的多样性，可采用多种不同检测技术协同检验，提高数据的准确性和合理性。

（4）时间序列分析。生态环境监测工作是长期且持续的，同一样点会进行多次监测，有效规划监测频率可提高数据的代表性和可靠性，节约工作成本。

二、按监测手段分类

按监测手段分类，生态环境监测技术可分为化学监测、物理监测、生物监测、生态监测（遥感监测、卫星监测）等技术。

（1）化学监测是指采用化学分析法和仪器测试法等手段来监视环境介质中各种化学环境因子变化的监测方法。

（2）物理监测是指对环境中的噪声、热、光、电磁辐射、放射性污染因素监视监测的过程，运用到的技术为物理监测技术。

（3）生态环境综合质量的监控可利用生物监测技术。生物监测技术主要利用动植物对污染物的各种反应信息来判断环境质量，包括污染物含量的检测，根据生物的受害反应测定其生理生化、种群群落变化的方法。例如，利用敏感生物的指示特征对环境做出定性和定量分析。

（4）生态监测从宏观角度研究生态系统是否良性发展。生态监测技术就是指对反映生态系统质量的指标进行度量和判断，以掌握生态系统的现状和变化趋势，为生态环境保护提供数据依据。生态监测方法主要包括地面监测、空中监测及卫星监测三种方法。

第三节　生态环境监测技术的发展

一、生态环境监测技术发展趋势

（一）生态环境监测技术不断创新升级

落后的技术手段不能为预警、预测复杂环境问题提供客观、准确的数据，因此，需要发展先进、快速、系统化的监测，建立健全各类生态环境监测网，如加强生态环境监测站点自身建设、配置各项应急措施、升级技术服务等，实现生态环境监测的自动化管理系统及监测网络，提升处理突发污染事故的能力。2019年12月18日，第一届生态环境监测技术交流会强调以中国生态环境监测总站为龙头的监测技术队伍要围绕优化监测网络设置技术、统一监测技术方法、强化监测质量控制技术、完善监测评价方法、加强监测信息共享技术开展研究，明确未来生态环境监测的发展目标和建设方略，开拓面向全球的生态环境监测技术体系，为推进国家生态环境治理体系和治理能力现代化发挥更大作用。

（二）生态环境监测技术趋向于痕量化

环境污染物由于生物累积和生物放大作用，尽管处于低浓度状态，也会给生物带来巨大危害，因此，通过痕量分析技术检测环境中样品成分及分布状况，控制低含量物质在环境中迁移转化及危害。例如，利用 ICP-MS 技术完成多种元素的痕量分析，该方法精度高、多种元素同时检测、应用广；GC-MS、LC-MS 以及其他多类联用技术实现低含量有机物污染的定性、定量分析，为解决环境问题提供新思路。

（三）在线自动监测是未来工作重点

目前，我国各类环境自动监测站点有 189 000 多个，包括地表水和地下水监测站点、大气监测站点、环境噪声监测站点、海洋监测站点、生态监测站点、酸雨监测站点、污染源监测点、生态质量、生物多样性、放射性物质监测站点以及 2~3 天可全国覆盖一次的遥感监测业务能力。其中，绝大多数空气质量监测站点实现了在线自动监测和自动上报数据的全自动化过程；在线自动水质监测技术在全国也取得了重大发展；其他监测领域也都取得了不错的应用成果。因此，实现生态环境监测的在线自动技术法是我国现阶段生态环境监测工作的重点。

（四）多技术联用综合发展

中国生态环境监测总站在第一届生态环境监测技术交流会上倡议加快形成生态环境监测大联合的格局，在此基础上，对我国生态环境监测数据进行整合。在此基础上，建立一个覆盖全国，统筹利用，开放共享的国家生态环境监测大数据平台。通过对生态环境管理信息的统一发布，达到科学决策，精准管理，高效服务的目的。

二、生态环境监测发展中存在的问题

新时期做好生态环境监测工作对提高环境保护工作的效率，降低环境风险隐患有重要的价值。当前，我国的生态环境监测工作已经取得了一定的成绩，但由于其起步较晚，还存在着许多问题。

（一）监测技术体系还亟待完善，不能形成生态监测大统一的管理格局

生态监测是一项比较复杂的工程，涉及了农业、林业、海洋、国土等多个领域，需要各部门通力合作，共同努力，才能做好这一工作。目前虽然生态环境监测部门实行了垂直管理，但是由于各系统部门之间分工不同，比如林业局负责林业和林业资源、农业部门负责农业和农村工作、国土资源部负责土地资源，因为人们对生态环境监测这个方面的认识不同，每个人都在自己的领域内进行着自己的工作，相互之间没有任何的交流，所以很容易产生工作重复的现象，从而导致了巨大的资源浪费。另外，各个部门间也有很大的隔阂，很难进行资讯分享，使得资讯的效率大大降低。

（二）生态环境监测工作质量偏低

在经济高速发展的同时，新的污染源也在不断出现，新的污染物也在日益凸显。因此，环境执法的力度在持续增加，临时性、突发性监测任务变得更加繁重，监测人员、技术、设备都无法跟上经济的发展，常常要加班加点，疲于奔命。目前，我国的环境监测工作还处在一种"埋头苦干""重量轻质"的状态，使其"准"性减弱。我国建设工程建设中，大部分工程都是走个过场，这就削弱了工程建设的技术监督功能。

（三）大型仪器设备使用率低，有的仪器设备购置后基本闲置

生态环境监测系统内的监测站(中心)大型监测仪器设备的配备基本是按《国家环境保护总局关于印发〈全国环境监测站建设标准〉的通知》(环发〔2007〕56号)要求配备的，但有些仪器由于各种原因配备后就处于闲置状态；而对出现的新污染物，需要配备新的先进分析仪器，又出现了资金短缺的现象，一方面造成资金的极大浪费，另一方面又出现资金严重不足，使监测能力不能适应目前形势的

需求。

(四)人员素质有待进一步提高

贯彻落实习近平生态文明思想和全国生态保护大会精神,需要一支生态环境监测铁军,这支铁军既要有"严、真、细、实、快"的工作作风,又要有精益求精的工匠精神,更需要专业的技术人员来做。但目前各基层监测系统普遍存在着技术人员年龄老化、技术人员断层、新生力量不足的情况,虽然近两年有所改善,但与环保工作形势相求还存在很大差距,尤其是高、精、尖技术人员严重缺乏制约着基层生态环境监测队伍能力的提升。

三、生态环境监测技术发展建议

(一)优化监测工作方案

首先,应根据环境保护工作的需要确定工作目标与主要实施手段,形成具有针对性的样品采集体系,明晰采集样品工作的重点,对有关采集样品的方案进行改良,重视样品采集的质量,以保证所搜集到的有关资料较为完整。其次,要加大对原始资料的收集,重点是对采集的环境、条件、方法等方面的详细记载,以确保以后的工作能够顺利进行。为保证样品采集的质量与生态环境监测质量,应建立全员参与的岗位职责控制机制。最后,在完善采样流程的基础上,制定相应的工作规程,制定相应的采样标准,实现对环境质量的科学、全面地监测。

(二)加强仪器设备管理

新时期,要做好与生态环境监测质量管理有关的一切工作,要注重对仪器设备的全面、科学的监管,正确处理其使用中出现的各种问题。首先,建立仪器设备的信息和分析系统,确保对其进行有效的维护,并根据仪器设备的使用情况,制定出一套科学的仪器设备管理标准。其次,根据实际情况的需要不断引入先进的仪器设备,提升设备水平,加大智能化设备的应用,从而满足生态环境监测工作的需要。最后,侧重于依据生态环境监测的工作需要制定仪器设备更新换代的计划,及时更换陈旧的仪器设备,大力筹措更新设备的资金,确保仪器设备的更新持续性,进一步提高生态环境监测的效率。

（三）加大数据审核力度

为确保得到客观准确的监测数据信息和结果，需建立健全的数据稽核机制，加强相关数据的复审，提高对错误数据的查核能力。基于采集的样品对相关数据及时分析，为减少样品分析的错误应设立相应的数据跟踪监督审核体系，降低出现错误数据的机会。

（四）加强技术人员培训

可以通过一些方式吸引更多优秀的人才加入生态环境监测的队伍中，比如，给予有吸引力的薪酬。确保录用的生态环境监测技术人员有一定的工作经验和较高的专业水平，全面审查评定技术人员的业务水平，从优选择。加大对技术人员的培训力度，强化绩效考核，调动工作人员的积极主动性，使其能够对工作充满责任感，重视提升自身的技术水平。

（五）创新监测技术

监控技术是随着时代的发展而发展起来的，监控设备的科技水平也是逐步提高的。因此，随着监控仪器的发展，它的体积会越来越小，相对精度也会越来越高。通过创新生态环境监测技术，可以提供更准确可靠的监测数据，有效预防和治理环境污染以及预测对未来的变化形势。为全面提升生态环境监测的实效性，应以先进的互联网信息技术为依托构建并完善监测技术体系，实时在线监测污染源，要提前预测重大污染事件并进行防范，制订科学合理的应急预案，建立应急应对污染事件的自动化系统，将危险源数据及时导入系统，提高系统的应急能力。

第四节　生态环境监测新技术开发

随着科学技术的进步和生态环境发展的需要，生态环境监测相关从业者为了更加快速、便捷、准确地提供反映实际情况的数据，持续不断地开发监测新技术和新方法。目前，多集中在红外、色谱、质谱、荧光和磷光、雷达、激光诱导击穿光谱（LIBS）等领域，涌现出数据处理、智能化监测、物联网、生物芯片、三维激光雷达遥感、无人机等新技术，如新型监测仪器 GC-MS、GC-FTIR、ICP-MS、ICP-AES、HPLC、HPLC-MS、RS、GDS、GIS、XRF 等联用技术。我国自主研发的荧光设备测定一些无机和有机污染物具有极高的灵敏度，尤其对 Hg、As、Sb、Bi、Se、Te 的化合物及有机致癌物的定量分析既快又准确，因此在我国生态环境监测分析技术中很有发展前途。

一、有机污染监测技术的开发

我国的环境标准针对有机污染物监测的项目不多，主要有多环芳烃类、苯并[a]芘类、二噁英、有机氯化物、农药等，没有覆盖生产生活中使用和排放的大量化学品和特征污染物。由于用地类型多，人为活动强度大，涉及化学品生产工艺复杂，因此从复杂多样的污染源中确定企业用地的特征因子难度也比较大。风险因子的确定和监测方法的制定完善，都是当前实际监测过程中亟待解决的问题。

有机标准品的研制也是我国有机污染物监测过程中存在的难题。当前，针对重金属等无机化合物测试用的标准品基本能满足需求，而水基有机氯农药、苯系物、多氯联苯、挥发性氯代烃等有机标准品较为缺乏，不能满足水中有机物污染分析方法评价要求。主要原因有：①有机污染物水中溶解度较低，稀释过程容易污染；②有机污染物在水中易发生水解、光合反应等导致量值变化；③水中微生物也容易造成有机物含量的不稳定。另外，大多数监测需要多组分标准品，而多组分混合液制备难度大，较难准确配置，市场上有的大多数多组分标准品价格也极为昂贵，很难实现实验室普遍化使用。

当前，有机污染物的提取和净化技术逐渐向微型化和自动化发展，从需要较多提取剂的液相萃取技术到少量的固相萃取技术，再到使用微量的液相微萃取技术和固相微萃取技术；从手工操作向样品采集、提取、浓缩富集及测试一体化方向发展；在线处理痕量污染物的技术也是当前发展的方向。

二、无机污染监测技术的开发

各类环境标准中无机污染物监测项目种类繁多，覆盖面也比较广，针对不同指标，国家有比较完备成熟的系列标准体系，但也不可避免地存在一些项目测试中使用药品毒性大、步骤烦琐和仪器设备复杂等问题，并且对污染物形态的分析也比较少。因此，研发新的快速、便携及在线的检测设备非常有必要，以解决一线采样和测试人员工作中的实际问题，大大节约人力。如国家针对水和空气在线监测工作开展的电极流动法和公布的流动注射在线富集法测定 Cl⁻、NO₃⁻、一N、F⁻、Cu、Zn、Pb、Cd、硬度等，除能保证良好的测定精度外，还节省时间，便于实现自动化，也是三个效益俱佳的方法体系。

另外，检测无机污染物的新技术和联用技术也是当前研究开发的重点，例如利用原子荧光法可实现环境中砷、汞、硒、铅的痕量检测，ICP-MS 联用技术实现多种金属污染物的超痕量分析，HPLC-ICP-MS 联用技术和 IC-ICP-MS 联用技术进行尿液中不同形态 As 分析，利用同位素标记技术追踪污染物的运行和变化规律。如美国和日本已把采用 ICP-MS 技术分析水中 Cu、Cr(VI)、Cd 和 Pb 的方法列为标准方法；ICP-MS 联用技术在许多领域包括新材料、药物和医学等的应用均有报道。因此，应加快对无机污染物监测新技术的开发，从而实现无机污染物智能快速监测。

三、优先监测污染物监测技术的开发

当前有数以百万计的化学品被人类发现和生产，人们不可能对进入环境的所有化学品进行监测和控制，只能有选择性地对少量污染物监测和控制。环境保护部门根据环境中污染物出现的频率、在环境中的累积性、对人体和生物的潜在危险及是否是"三致"物质等因素，对有毒污染物进行分级排队，筛选出来需优先进行监测的污染物为优先污染物。优先污染物是国家优先监测与优先控制的对象，具有难以降解、有一定残留水平、出现频率高、生物累积性、为"三致"物质及毒性较大的特点。对优先污染物进行的监测，称为"优先监测"。

1979 年，美国以法律形式公布了优先监测的 129 种污染物，其中 114 种为人工合成有机物，15 种重金属和无机毒物。中国于 1989 年提出了 68 种优先污染物，其中除铍、铜、铅、砷、镉、铬、锑、铊、镍及其化合物外，其他均为有机污染物（包括农药），具体监测指标见表 1-1。

表 1-1　有机污染物（包括农药）监测指标

化学类别	名称	分析技术
挥发性卤代烃类	二氯甲烷、三氯甲烷、四氯化碳	HS-GC-ECD（填充柱）
	三溴甲烷、三氯乙烯、四氧乙烯、1，2-二氯乙烷、1，1，1-三氯乙烷、1，1，2，2-四氯乙烷	HS-GC-ECD（毛细柱）
苯系物	苯、甲苯、乙苯、邻二甲苯间二甲苯、对二甲苯	HS-GC-FIDSE-GC-FID

续表

化学类别	名称	分析技术
氯代苯类	氯代苯、邻二氯苯、对二氯苯、六氯苯	HS-GC-ECD
多氯联苯	多氯联苯	SE-GC-ESD
酚类	苯酚、间甲酚、2，4-二氯酚 2，4，6-三氧酚，五氯酚、对硝基酚	GC-FIDHPLC
硝基苯类	硝基苯、对硝基甲苯、2，4-二硝基甲苯、对硝基氯苯、2，4-二硝基氯苯	SE-GC-ECDHS-GC-ECD
多环芳烃	萘、荧蒽，苯并[b]荧蒽、苯并[k]荧蒽、苯并[a]芘、茚并[1，2，3，c，d]芘、苯并[g，h，t]芘	HPLC
苯胺类	苯胺、2，4-二硝基苯胺、对硝基苯胺、2，6-二氯硝基苯胺	HPLC
酞酸酯类	酞酸二甲酯、酞酸二丁酯、酞酸二辛酯	SE-GC-ECDSE-HPLC
农药	六六六、滴滴涕、敌敌畏、乐果、对硫磷、甲基对硫磷、除草醚、敌百虫	SE-GC-ECD SE-GC-FID
丙烯腈	丙烯腈	
亚硝胺类	N-亚硝基二甲胺、N-亚硝基二正丙胺	HPLC
氰化物	氰化物	SP
石棉	石棉	光学显微镜法
重金属及其他合物	砷及其化合物	
	铍及其化合物	SP
	镉及其化合物	AAS、SP
	铬及其化合物	AAS、SP
	铜及其化合物	SP
	铅及其化合物	AAS、SP
	汞及其化合物	AAS、SP
	镍及其化合物	AAS、SP
	铊及其化合物	

我国从 20 世纪 80 年代后期就开始了中国环境优先监测研究，提出了《中国水中优先污染物黑名单》，开展了采样布点方法和质量保证程序的研究、标准物质的研发及监测方法和各项环境标准的制定等工作，建立了大量配套的优先监测

技术。但目前出台的生态环境监测优先指标的覆盖范围比较窄，需要探索大气和土壤等领域的优先监测指标。另外，不同历史阶段，人类活动特点不同，也会带来优先监测指标变化。如当前我国生态系统保护措施比较弱及技术水平也有限，污染和开发为主要矛盾，有关优先监测的生态指标要与二者之间的压力有关，未来污染类型和开发方式都会变化，优先指标也要随之匹配。此外，技术水平、监测能力及人类认识水平等都会对优先监测指标的确定带来影响。这些都将是优先监测技术研究需要探讨和解决的问题。

四、自动监测系统和技术开发

目前，我国生态环境监测网络体系已经较为完备，实现了国家生态环境监测事权的集中化，监测数据的"真、准、全"也正全方位实现。

中国生态环境监测总站的数据显示，我国已建成了 1 436 个已入国家网的大气自动监测站和 5 000 多个已入地方网的空气质量自动监测站，2 767 个地表水国控水质监测断面（建自动监测站点 1 881 个）和 1.1 万个地表水地方监测断面（建自动监测站点约 5 000 个），419 个国控近海监测点，8 万多个土壤监测点，覆盖了各个环境要素，逐渐形成了完善的国家生态环境监测网络。同时，通过监测网络建设，国家于 2016 年上收了 1 436 个国控城市空气质量监测站点的监测事权，2017 年以采测分离为基础上收了地表水监测事权，2018 年上收了考核断面水质自动站建设和事权，2019 年逐渐过渡到水质自动监测。

在 2020 年 1 月 20 日至 3 月 14 日，全国 337 个城市空气自动监测数据显示，平均优良天数占比 85.7%，高于去年同期 10.1 个百分点。PM2.5 值全国平均浓度为 $44\mu g/m^2$，同比下降 18.5%。1 845 个国家水质自动站预警监测数据表明，同 2019 年同期相比，Ⅰ～Ⅲ类水质有近 10 个点的上升，Ⅳ、Ⅴ类和劣Ⅴ类都有所下降。通过对饮用水源地 17 949 次的监测，未发现有受其他影响的情况。根据湖北省饮用水源地 865 次的监测数据结果显示，该区水质均达到或优于Ⅲ类地表水标准。可见，国家和地方自动监测网站的建设取得了初步成效。

但我国企业自动监测的实施还存在不少的"痛点"，这就需要通过市场机制，协调企业、政府和环境第三方服务公司之间的关系，建立起"专家把脉，对症下药，企业照章办事，政府监督执行"的运行机制，使企业的环境监管由"被动"变为"主动"。例如，根据上海振华重工(集团)股份有限公司长兴基地大气污染排放情况和上海市重点产业园 VOCs 组分监测因子要求，第三方环境服务公司按照监测站点以点线相结合的方式设计，采用成熟的 GC-FID/MS、DOAS、β 射线、光谱等在线监测技术监测环境空气中 VOCs 组分（监测组分涵盖环保部印发的《2018年重点地区环境空气挥发性有机物监测方案》提到的所有 VOCs 种类）、非甲烷总烃、PM10、$NO_x/NO_2/NO$、NH_3、HCl 等特征污染物，建设监控中心和综合监控及预警平台。建立起一套适用于工业集聚区的"环保管家"新的大气污染防治服务体系，为区域的空气质量不断提高提供数据支持，为绿色可持续发展提供技术保障。

为了有利于企业在线自动监测工作的顺利开展，近期有不少有关自动在线监测的相关标准出台，如 2018 年 9 月 1 日起实施，生态环保部颁布的《环境空气气态污染物（SO_2、NO_2、O_3、CO）连续自动监测系统运行和质控技术规范》和《环境空气颗粒物（PM10 和 PM2.5）连续自动监测系统运行和质控技术规范》；为提高环境空气挥发性有机物监测技术水平，加强 VOCs 自动监测质量保证与质量控制，中国生态环境监测总站制定的《国家环境空气监测网环境空气挥发性有机物连续自动监测质量控制技术规定（试行）》；为了规范化学需氧量（COD_{Cr}）水质在线自动监测仪的技术性能，制定了《化学需氧量（COD_{Cr}）水质在线自动监测仪技术要求及检测方法》（2020 年 3 月 24 日起实施）；2020 年 4 月 12 日起实施有关《环境空气臭氧监测一级校准技术规范》（HJ 1096—2020）、《环境空气中颗粒物（PM10 和 PM2.5）β 射线法自动监测技术指南》（HJ 1097—2020）、《水华遥感与地面监测评价技术规范》（HJ 1098—2020）等标准，加强了环保部门对企业的监管力度。

总之，我国的自动监测系统在环境管理和控制上发挥了重要作用。因此，未来自动监测技术的开发和利用，也要考虑我国生态环境监测事业的具体情况，有选择地吸收外来的先进经验、技术和产品，发展我国特色化的环境自动监测事业，为践行生态文明思想建设美丽中国贡献监测人的智慧。

五、现场简易监测分析仪器和技术开发

简易监测技术在现代生态环境监测中尤为重要，利用简便的仪器或方法，在野外对污染物进行现场监测，具有快速、简便、价格低的特点，极大地节约了时间和经费。常用的简易监测方法有：简易比色法（溶液比色、试纸比色、植物酯酶片、人工标准色列）；检气管法；环炉检测技术；便携式分析仪器法等。

简易比色法采用样品试液或试纸变色后与标准色列比较，确定污染物组分的

方法。常用在水质分析中的色度、pH 及一些金属、非金属离子的测定，空气中硫化氢、汞蒸气等物质的检测，及蔬菜、水果当中有机磷农药(敌敌畏、敌百虫、氧乐果、甲胺磷等)的定量分析等。检气管法是将多孔颗粒物质浸泡后填于玻璃管中，制成测试管，气体通过时显色，根据颜色深浅或柱子变色长度确定污染组分含量。常用来测定空气中气态或蒸汽态物质，检气管有限制测量的参数，需按规定操作来保证其准确性。环炉检测技术是指以恰当的溶剂冲洗滤纸中央的微量样品，把样品中的测试组分有选择地洗出，进一步通过环炉加热而浓集在外圈，再用显色剂显色，达到分离和检测的目的。当比色法、检气管法和环炉检测不能满足现场应急要求时，便常常采用便携式分析仪器法，目前针对 pH、溶解氧、水温、浊度、电导率和总磷测定的便携式仪器较为成熟，实际中应用较为普遍；也有针对有机污染物综合指标测定的便携式化学需氧量测定仪，测定有机成分的便携式气相色谱仪和便携式色谱质谱联用仪等，这些仪器体积小，灵敏度和选择性高及检测结果可比性强，应用前景较好，在有机污染的现场监测中发挥了重要作用。

六、生物检测技术的开发

生物检验方法简单、快速、廉价，适合于现场或实验室中大规模的筛查测试。目前，研究较为活跃的生物检测技术有酶联免疫技术、电子显微技术、纳米探针、智能传感、生物芯片、基因差异显示技术等，有关这些技术应用在生态环境监测与评价的报道也日益增多。美国环保机构 USEPA 重点研发野外便携式和实验室内的酶联免疫快速检测技术，建立便于野外检测危险污染物的方法。美国食品药物管理局(UNITED STATES FOOD AND DRUG ADMINISTRATION, USFDA)将酶联免疫技术用来检测食品和饲料中农药残留，并开发了黄曲霉素免疫分析法，还开发了 pHenamapHos 和 Carbendazine 免疫快速分析法。美国农业食品安全检查部门(FOOD SAFETY AND INSPECTION SERVICE, USFSIS)对除草菊酯、有机氯杀虫剂等化合物免疫分析法的开发进行了资助。而且，近几年酶免疫分析法逐渐形成了小且方便的试剂盒，越来越成熟，为其成为生态环境监测中的常规分析方法创造了条件。

智能传感技术作为前端感知工具，是智能制造和物联网的前驱技术，具有非常重要的意义。工业生产中，利用智能传感器可直接对产品质量指标(例如黏度、硬度、表面光洁度、成分、颜色及味道等)进行快速测量，其主要通过产品生产过程中的某些量(如温度、压力、流量等)同产品间的关系,建立神经网络或数学模型来推断产品质量。医学领域,利用智能传感技术制成"葡萄糖手表"实时监控掌握糖尿病患者的血糖水平,可及时调整饮食和胰岛素注射。我国智能传感器市场发展迅速,到 2015 年时市场规模已达 1 100 亿元,但其技术水平和生产工艺同国外差距较大,尤其高端传感器,研发技术成本大,企业不愿承担开发风险,造成我国中高端传感器进口比例达到 80%。

总之,生物检测技术在污染物综合分析方面具有较为明显的优势,而且大多数生物检测技术具有操作简单、快速、耗资少等优点,有着广泛的应用前景,但目前我国对这些技术的开发利用能力还非常有限,因此,迫切希望未来我国的生物检测技术覆盖纳米探针、微型器件、智能传感,产品覆盖体外诊断抗原抗体核心原料、生物检测监测核心技术方法、生物检测监测自研仪器设备,市场覆盖临床快检(POINT-OF-CARE TEST,POCT)、精准医疗、疾控防治等方面,且有较大的发展。

七、生态监测技术的开发

生态监测以空中遥感监测为主,地面监测为辅,结合地理信息系统(GEOGRAPHIC INFORMATION SYSTEM,GIS)和全球定位系统(global position system,GPS)技术,建全生态监测网,构建全面的生态监测指标体系与合适的评价方法,进而科学评价生态环境质量及预测其变化趋势。

近年来,随着空间技术的发展,"3S"技术在生态监测过程中的作用越来越突出,也体现了生态监测向更加宏观化发展的趋势。"3S"包括 RS、GPS 和 GIS 三项技术。RS 技术包括航空遥感与卫星遥感两种技术,经过数十年的发展,它能提供不同几何精度级别的土地利用和覆盖信息,各种生物量信息,气象信息及大气环流等,未来,RS 技术将会在生态监测中得到更加广泛的应用。GIS 作为"3S"技术的核心也将会发挥更大的作用,它将各类信息经过计算机系统的存储、管理和分析,可测算生态指数,预测预报沙尘暴的具体危害路线和范围等。通过三种技术的结合,生态监测技术能在全球尺度上反映生态要素的关系及变化,提供环境影像的精确定位,从而为更大尺度研究各个圈层的关系提供技术依据。

然而,"3S"技术在环境上的应用较为分散,多种新技术联合作战的作用没有充分发挥出来,为了在更大尺度上掌握污染物的时空分布规律,有效监测非点源污染、无组织排放面源和实施宏观监控，需要建立健全生态监测网络，开展水陆空天地一体化监测。进一步从世界各国生态监测的发展看，未来需要从微观、宏观两种视角审视生态质量水平，要求空中监测技术和地面监测技术相结合及一体化生态监测网络设计，加强国和国之间的合作交流，逐步转变生态质量现状评价为生态风险评价，增强生态质量早期预警的能力。

近些年，中国对生态环境变化和生态环境监测较为注重，参加了国际上的"地圈—生物圈"计划，同时，成立了中国全球变化委员会（挂靠中国科学院），不断加强中国生态监测网络建设，并取得了很大的进步，初步建成了海陆一体化、天地一体化、协作共享的生态环境监测网络。该网络覆盖了全国环境质量监测、重点污染源监测及生态监测，把从子站到总站的各级各类数据上传到监测网络中共享，大大提升了信息处理及监测预警预报能力，形成了监测与监管的协同联动。2020年，国家层面的生态保护红线监管平台将建成，该平台通过卫星遥感及地面监测技术获取生态红线数据，了解生态系统分布、组成及动态变化，及时评估和预警生态风险的大小，实时在线监控人为破坏生态保护红线的活动，形成"天—空—地"一体化监控网络。

八、环境预警监测体系的构建

目前，我国环境预警监测体系存在监测预警信息不一致、技术规范不统一、体系建设不协调和预警能力发展不平衡等一系列问题，而且环境预警监测体系的构建对实现环境保护的顺利开展有着举足轻重的意义。全国第六次环保大会上强调，我国需要建立现代化的生态环境监测预警系统，来反映全国范围内的环境质量水平及趋势，并能及时准确预警突发污染事故。

国家环境保护部于2009年12月28日印发的《先进的生态环境监测预警体系建设纲要（2010 — 2020年）》（以下简称《纲要》）指出，构建良性化环境预警监测体系，必须统筹技术优势，充分利用监测手段的全天候、多门类、多层次、多地域的特点，凭借先进的网络通信资源，及时调动各种系统，例如，先进的网络和计算支撑系统、高频的数据采集系统、安全迅速的数据传输系统，以及功能完备的业务联动预警响应对策，实现监测数据信息的代表性、准确性、精密性、完整性，全面反映环境质量状况和变化趋势，准确预警突发环境事件的目标。《纲要》还指出，到2020年，在国家环境宏观战略规划基本架构的基础上，全方面对我国生态环境监测网络、技术装备、人才队伍等薄弱方面进行改善，重点区域流域具备预警评价前瞻性和战略性监测的能力，要巩固好支撑生态环境监测技术发展的基础，显著提升环境质量的监管能力，全面实现生态环境监测管理和技术体系的定位、转型和发展。掌握环境质量状况及变化趋势，查明污染物排放情况，有效进行预警响应，当面对突发环境事件和潜在的环境风险时，形成监测管理全面一盘棋、监测队伍上下一条龙和监测网络天地一体化的现代化生态环境监测格局。

第二章

水和废水监测技术

本章分为水和废水监测概况、金属污染物监测技术、非金属无机污染物监测技术、有机污染物监测技术、水生态环境监测五部分，主要包括水和废水监测分析技术、水和废水监测的质量保证和质量控制、水生态环境监测现场采样的影响因素、DNA 传感器对水环境中金属离子的监测、工业废水中重金属污染物在线监测技术、电位分析法、生物传感测定法、有机物污染及其治理、快速溶剂萃取技术等内容。

第一节　水和废水监测概况

地球上存在水的总量约为 $13.7×10^9$ 亿立方米，海水占 97.3%，淡水占 2.7%。淡水大部分存在于地球南北极的冰盖、冰河及深度在 750m 以上的地下水中，在河流、湖泊和地下水中，可用的淡水只占很少的一部分，不到淡水总量的 1%。全球年降水量大约为 $4×10^{14}m^3$，集中在陆地上的只有 1/4。我国淡水资源人均占有量为 $2\,700m^3$，仅为世界人均淡水资源占有量的 28%。我国是一个水资源短缺的国家。天然淡水是一种含有多种化学成分的水溶液，其主要化学成分有 Na^+、K^+、Ca^{2+}、Mg^{2+}、Cl^-、SO_4^{2-}、HCO_3^-、CO_3^{2-} 以及一些痕量元素，还有一些有机化合物，主要来自天然有机物及其降解物，它们的含量在一定范围内，是人体必需的，对人体无害。但由于工业生产和日常生活以及一些其他活动，使排放到环境水体中的有机及无机污染物改变了水质及其环境，导致了水环境污染。

一、水和废水监测分析

（一）废水的产生

人们在生产生活中排放到环境中的水，如果水中混入了新的物质，或者因为外部条件发生了改变，导致水发生了变质，不能再维持其原有的使用功能称为废水。其变成没有利用价值的水，还会对环境造成一定的污染。废水按照其来源，大致可分为三类。

第一类是生活污水。这些污水是在服务于人类生活后产生的。对于生活污水，其中含有大量的细菌和病毒，流入环境中容易导致疾病的传播。

第二类是工业废水。这些废水是经过工业生产而产生的。这些水中含有大量的有毒物质，如重金属铅等，排入江河、湖泊，容易造成环境污染。

第三类是初期雨水。这类水是由空气中的水蒸气遇冷凝结而形成的降水，而在其形成的过程中吸收了空气中的大量有害物质，如粉尘、病原体等。

（二）水和废水监测分析

所谓水和废水的监测分析是指通过一系列的研究分析方法，对水体中出现的污染物种类、浓度及变化趋势进行分析和测定，对水质状况做出正确的评价。水和废水的监测分析对保护水环境、控制水污染及促进水环境健康发展有着重要的作用。

废水中包含的成分复杂，按监测分析指标大致可分为三类。

第一类是无机感官理化指标，主要包括水温、pH、悬浮物、色度、浊度、化学需氧量、生化需氧量等一些综合性指标。通过对这些指标进行分析，能够综合地反映水质的状况。

第二类是重金属指标，主要是砷、硒、汞、铅、铬等一些有毒的重金属指标，适用于一些电镀、化工等重金属排放的废水监测。

第三类是有机物指标，主要是醚类、多氯联苯、有机磷化合物、酚类、石油类、油脂类物质等一些有机类指标，适用于含有有机物质的废水监测。

（三）水和废水污染监测方法

按照监测方法所依据的原理，废水污染监测方法有化学法、电化学法、仪器分析法三种，如图 2-1 所示。

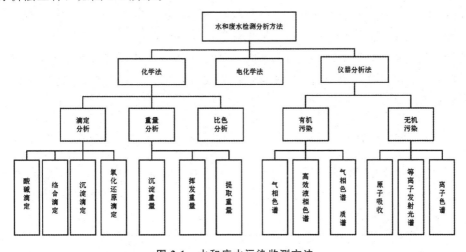

图 2-1　水和废水污染监测方法

二、水和废水监测的质量保证和质量控制

在水和废水监测工作中，采取相应的质量控制措施是保证结果可信的基本要求，也是控制污染蔓延、科学预测的前提。因此，在实际进行监测时，必须要对工作质量进行严格把关，以确保监测结果与实际情况相符，进而为环保措施的确定提供依据。

质量控制是水和废水监测工作的必要措施，能够提高监测结果的准确性。我们要科学认识水和废水质量控制的有效性，改进控制措施。

（一）事前控制

在对水和废水监测质量进行控制之前，要对监测使用的仪器设备等进行检查，确认其是否具备正常开展实验工作的条件，以及仪器设备的性能是否适合本次实验；还要确认本次的监测方法是否合理，并对其中的关键文件进行最新版本的检查；还要认真细致地检查本次实验中所使用的化学试剂是否得到了科学保存，并检查其有效期和安全性。

（二）事中控制

在水和废水监测的实施过程中，要采取采样、实验、样品保管和编号等控制措施。在采样时，要严格遵守实验的有关要求和技术规范，对采样点位的设置和操作环节进行规范、科学布局、保证质量、严格执行、严密监控，同时要做好监测记录；在实验时，要再次确认实验环境，实验人员要持证上岗，实验中要使用纯水，随时进行检验并做好记录，以保证实验数据的正确性；优选样品的运输方式和保存条件，有效保护样品并进行分类保管，由专人进行样品的交接和管理，由专人负责审查采样记录的关键文件，由专人负责样品的编号管理，以保证水和废水监测中样品的质量。

（三）事后控制

在水和废水监测质量控制的最后一个环节中，要做好数据记录，保证监测数据的完整性、精确性；要重视管理评审，监测管理部门要不定期进行严格的内审，以期达到水和废水监测质量控制预期的目标。

三、水和废水监测现场采样的影响因素

在水和废水监测工作开展的过程中，水文监测技术和质量面临着更为严格的要求，只有尽量降低现场采样工作中出现的误差，才能更好地提升分析结果的准确度。在现场采样前，要分析水和废水监测现场采样工作中的影响因素，并提出对应的控制措施，以促进水和废水监测现场采样工作质量的提升。

现场采样工作要符合相关技术文件的要求，严格按照其中的工作流程从而提升采样工作质量。影响水和废水监测现场采样的因素主要包括：采样实施的资料、仪器设备和后勤工具的准备，根据不同的现场和采样位置选取合适的测量、采样和存放设备，提高采样工作的效率；科学确认采样点位，合理控制水样采集的频率，才能产生科学准确的采样分析结果，明确样品之间的差异，得出准确的实验结果，减少水的流动对数据采集产生的影响，提高采样工作效率；同时还要强化采样工作人员的操作水平，严格按照要求进行采样工作，提高采样工作质量。

四、水污染的防治对策

对水和废水的监测分析让我们对水体中污染物的分布状况有了全面的了解，并对污染途径、污染源等情况有了准确的掌握。但有效控制水污染问题，还需要我们进行科学的环境规划，加强水环境管理，有效控制污染源。①按照生态优先、合理规划、优化发展的原则，科学合理规划产业布局，优化产业空间结构和垂直分工，淘汰落后产能，优先发展节能环保产业，这样才能有效地从源头遏止污染源的产生。②随着城镇化的发展，城市生活污水量日益增加，而生活污水的重要处理手段就是进入污水处理厂处理。因此，加快城市污水处理厂和配套管网建设，提高城市污水处理率和回用率，实现污水"全收集、全处理"，有利于推动经济结构调整和发展方式转变，促进节能减排，改善城市水环境。③强化生态流域污染防治，加强对工业企业的监管力度，通过安装在线监测设施等手段，实时监控企业排污情况，确保企业的污染源处理设施正常运行，工业废水稳定达标排放。同时，加强环保执法力度，加大重点区域、重点企业污染排查，严查环境违法行为。④加强对废水污染危害的宣传，倡导节能减排生活，进一步提高公众对水资源保护的认识，增强公众自觉参与保护水资源的意识，进一步使公众树立生态文明和人水和谐的理念，动员公众自觉行动起来，更加珍惜、节约保护水资

源，积极参与节水型社会建设，让我们的用水更安全、更清洁。

第二节 金属污染物监测技术

一、DNA 传感器对水环境中金属离子的监测

（一）背景介绍

世界自然水体环境中的重金属污染对人类健康和环境构成了严重威胁，是一个亟待解决的问题。随着社会经济的发展和环境的日益恶化，癌症的发病率和致死率也在不断增加，已成为威胁人类健康的头号疾病。而正是由于担忧这一问题，世界各地都对自然水体中重金属离子浓度进行了严格的规定。对于水体中重金属离子浓度的测定就显得尤为必要了。

从现有的一些研究中我们可以知道，有机体对重金属离子的吸收情况并不完全取决于溶液中含有的重金属离子的总量。有机体对重金属离子的吸收情况往往与自由重金属离子的浓度，或者说与不稳定重金属离子的浓度存在更好的相关性。除了某些特例情况外，游离重金属离子的浓度在大多数情况下最终决定了重金属的毒性和其作用效果。

传统的定量方法，如原子吸收（发射）光谱法、电感耦合等离子体质谱法和冷原子荧光光谱法，已广泛应用于高灵敏度重金属离子的测定。这些方法除了需要昂贵且精密的仪器外，通常还涉及从水样中提取金属离子这一复杂化学过程，其中金属离子的形态变化是不可避免的。而且，重金属的大规模测定可能耗费大量的人力、物力、财力和时间。为了保护环境和人类健康，并且能够快速和廉价地界定污染状况并对受污染地方进行修复，需要一种便携式的、低成本的、快速的重金属分析系统，这个系统能够在受污染的地方就对重金属进行筛选。

（二）DNA 传感器监测模型

水环境中的金属离子能够有选择地结合某些碱基，形成稳定的 DNA 双螺旋金属结构。例如，汞离子（Hg^{2+}）能够选择性地与胸腺嘧啶碱基配对，以形成稳定的 T-Hg^{2+}-T 络合物，而银离子则会特异性地与胞嘧啶（即 C-C）错配并相互作

用。对于铅离子的测定，大多数传感器都是基于铅离子依赖脱氧核酶以及 Pb^{2+} 与 G-四链体形成稳定结构这一原理进行工作的。相应地，利用荧光的各种测定技术(如表面增强拉曼光谱技术、共振光散射技术、比色法和电化学方法等)被应用于对以结构转换型 DNA 为基础的重金属离子进行的选择性测定中。

结构转换型 DNA 传感器有几个独有的特点。首先，通过形成许多弱的非共价键来诱导结构转换，这些非共价键通常对于给定的配体生物分子界面是有特异性的，但对其他分子大多不敏感，即使在诸如自然水体、活细胞或血清等复杂环境中；其次，鉴于这种转换(信号转导)是快速、可逆和无试剂的，这些纳米级的转换适用于对特定目标进行快速、实时和现场测定；最后，结构转换型 DNA 的构象平衡与其浓度和热力学有关，这使得结构转换型 DNA 传感器是定量的，并且其动态范围优化不会改变它们结合的特异性。迄今为止，人们已经提出了许多基于 DNA 结构转换原理来测定重金属离子的方法。然而，这些测定方法大部分是基于均相反应原理进行的，且需要复杂精密的仪器，这使得它们不适用于重金属离子的快速现场测定。

基于全内反射荧光(TOTAL INTERNAL REFLECTION FLUORESCENCE MICROSCOPE，TRRFM)原理工作的消逝波光纤生物传感器已被方便有效地应用于确定各种微量的靶标。这些生物传感器具有体积小、伸缩性好、复用能力强、传输损耗小、抗电磁干扰能力强等优点。当光基于全反射通过光纤传播时，产生非常微弱的电磁场(被称为"消逝波")。该磁场随着与界面的距离呈指数衰减，其典型的穿透深度为几纳米到几百纳米。这种"消逝波"可以激发接近传感器界面的荧光，例如，当荧光与光传感器表面分子结合时可用荧光标记分子(如 DNA 或抗体)。"消逝波"的界限范围允许区分结合和未结合的荧光复合物。因此，可以现场实时测定光纤的表面反应。

结合"消逝波"光学生物传感器和结构转换型 DNA 的优点，我们提出了一种适用于现场快速测定重金属离子的"消逝波"全光纤生物传感器系统。我们把 Hg^{2+} 这种剧毒且影响人类和生态系统健康的无处不在的污染物作为模型的目标。考虑到 Hg^{2+} 生物累积的特性，长期暴露于即便是微量的金属中，都会导致一系列严重的健康问题，如脑损伤、肾衰竭、染色体断裂和严重的神经系统疾病。世界卫生组织建议的饮用水中汞含量的限值为 30nm 无机汞，而美国环境保护局(UNITED STATES ENVIRONMENTAL PROTECTION AGENCY，USEPA)的限值为 10nm。在新开发的重金属监测系统中，与含有 T-T 错配结构的荧光标记的互补 DNA(COMPLEMENTARY DNA，CDNA)序列互补的短的 DNA 探针第一次被固定在光纤传感界面上。为了选择性测定 Hg^{2+}，可以引入荧光标记的 CDNA，结合固定的 DNA 探针到传感器界面上。再将事先制备好的光纤生物传感器放入含有 Hg^{2+} 的溶液中，一些荧光标记的 CDNA 与 Hg^{2+} 结合就会形成 T-Hg^{2+}-T 复合物，进而导致荧光信号减弱。同样，更高的 Hg^{2+} 浓度会导致更多荧光标记的 CDNA 去杂交，从而导致探测到更低的荧光信号。结合相关知识，还可以评估 Hg^{2+} 和含有 T-T 错配结构的荧光标记 CDNA 的结合力，以及这种基于结构转换型 DNA 的传感器的灵敏度和选择性。

DNA 的结构对环境污染物(例如重金属、多氯联苯或聚芳族化合物)的影响非常敏感。这些物质的特点是对 DNA 有很强的亲和力，会导致突变和致癌。基于这些特征，越来越多的人使用含有 DNA 的系统(例如基于 DNA 的生物传感器)进行遗传毒性测定或用于污染物的致突变和致癌能力的快速测试。此外，一些重金属离子能够与 DNA 碱基结合，可以通过 DNA 探针捕获这些重金属并对其进行测定。

通过设计这种便携式的、低成本的、实时的重金属分析系统，可以迅速对环境污染状况进行判断，及时高效地做出应对举措，为环境污染的治理和生态环境的修复作出贡献。

(三)新型传感器控制方法的设计

由于考虑到传感器测定重金属离子的特殊性，我们考虑设计一种可控硅导通角新型传感器控制方法，来对传感器的使用进行更好的控制。这个设计的关键是能够使测定或者使用装备时获得稳定的电流。例如，目前利用的可控硅恒流供应能源，实际使用的功率比额定功率大得多，如果利用变压器调节控制电压，设备费用也要大大增加，我们考虑利用新型传感器控制方法来决定起始导通角，这样就能大大降低恒流供能设备的成本。

在设计中，半可变电阻和附加电阻在可控硅导通角的改变中起着关键和重要的作用。例如，在太阳能发电站的辅助能源供电设备中，从供能设备开始供电直到供能设备供电功率最大，始终要求供能电流相同。这种供能设备需要恒流装置，如果可控硅开始时的供能电压很低，可控硅导通角很小，就容易烧坏可控硅，而如果更换大功率可控硅或改变变压器调压，就会增加供能设备的成本。

在可控硅整流器的控制回路中，增加一个附加电阻，将电位器调至最小位置，再将半可变电阻调至可控硅导通角最小安全保证位置并将其固定。这样可以任意调整电位器而不会烧坏可控硅，既不需要更换大功率可控硅，又不需要改变变压器调整电压。这种发明技术只要增加一个很小的电子元件，就能将触发信号传送至可控硅，使供能设备调整至额定电流。

通过设计该控制方法，能够很好地为测定装置提供稳定的能源供应。同时，该设计没有使用价格高昂的控制设备，只是使用基础元件利用回路设计来实现DNA传感器对环境中重金属离子的监测，大大降低了使用的成本。

（四）DNA传感器监测环境的实例介绍

监测环境（水体）中有毒重金属离子，如 Hg^{2+} 的含量非常重要，因为这些离子即使在非常低的浓度下也会对环境和人体健康造成危害。我们需要一种有效测定样品中汞离子浓度的方法，并且这种方法适用于对特定目标进行快速、实时和现场监测。由于金纳米粒子（AuNPs）具有独特的光学性质，其中之一就是表面等离子体共振吸收对 AuNPs 的尺寸、形状和粒子间距离十分敏感，因此它们是设计传感器的十分重要的材料。另外，有利的光学特性，例如极高的摩尔消光系数（高达 $10^9 M^{-1} cm^{-1}$）和宽的能带频宽，使得 AuNPs 可以作为超淬灭剂。在荧光染料和金纳米粒子之间共振能量转移的基础上，AuNPs 被用于测定各种分析物如金属离子和生物分子。我们设计了一种简便快速的荧光测定法，荧光团吸附AuNPs 作为探针，用于选择性测定水性缓冲溶液中的 Hg^{2+}。

目前许多用于测定 Hg^{2+} 的基于 AuNPs 的传感系统，利用 Hg^{2+} 与结合到AuNPs 表面的整合配体之间的特异性相互作用，进而使 Hg^{2+} 诱导的功能化AuNPs 聚集。与此策略不同，我们的传感设计方案利用了众所周知的 Hg-Au 金属亲和作用。我们设想利用 Hg-Au 金属亲和作用，AuNPs 表面上的柠檬酸根离子可以将 Hg^{2+} 还原成 AuNPs 表面上的 Hg 原子，形成 Au-Hg 合金。

该设计的原理是通过静电相互作用，阳离子吸附到阴离子柠檬酸盐封闭端的AuNPs 上，而这些阳离子有机染料的荧光最初通过能量或电子从荧光团转移到AuNPs 而被有效地淬灭。然后，通过 AuNPs 表面上的柠檬酸根离子还原 Hg^{2+} 而原位生成的 Hg 原子沉积到 AuNPs 的表面上，导致 AuNPs 释放被吸附的染料。结果是释放的染料迅速恢复其原始荧光信号，从而能够有效测定 Hg^{2+}。

基于 Hg 原子对 Au 的高亲和力来确定 Hg^{2+} 的类似方法，与其他金属离子相比，对 Hg^{2+} 的选择性不是很好。因此，有必要用一些修饰配体如巯基丙酸或巯基乙酸修饰 AuNPs 表面，并在整合配体如 2，6-吡啶二羧酸或乙二胺四乙酸中进行测定以实现选择性良好。相比之下，我们的传感系统表现出对 Hg^{2+} 的极好选择性，以及高度的简单性，使用制备好的柠檬酸盐封闭端的 AuNPs，而不需要对 AuNPs 表面进行任何额外的修饰，并且没有引入一个螯合配体。这使得对物质进行测定时，具体操作与发生的反应都简化了许多。

对于荧光团，我们选择了一种阳离子硼二吡咯亚甲基（BODIPY）染料 l-PpH3$^+$，它在之前的工作中表现优异，具有柠檬酸盐覆盖的 AuNPs 的静电吸附能力。l-PpH3$^+$ 的吸收和发射光谱与 AuNPs 的表面等离子共振（SPR）带重叠。通过在 HEPES 缓冲液中混合 13nm 柠檬酸盐封闭端的 AuNPs（$3nmol \cdot L^{-1}$）和 l-PpH3$^+$（$1nmol \cdot L^{-1}$）用 2h 来制备 AuNPs/l-PpH3$^+$ 吸附物，并在 25℃下离心。由于有效的能量转移过程，吸附在 AuNPs 上的 l-PpH3$^+$ 的荧光相对于未结合的纯 l-PpH3$^+$ 被有效淬灭（＞98％）。AuNPs/l-PpH3$^+$ 吸附物具有极低（0.001）的荧光量子产率。

AuNPs/l-PpH3$^+$ 吸附物的传感过程是将 $HgCl_2$ 加入 AuNPs/l-PpH3$^+$ 吸附物溶液，再将磷酸盐缓冲液（$50mmol \cdot L^{-1}$，PH 值 8.0）加入混合溶液中，在 λ_{em}＝510nm 处的发射带的强度增加，这是阳离子 l-PpH3$^+$ 的特征，发生在 30s 时间内，并且其在 2min 内达到饱和。在向 AuNPs/l-PpH3$^+$ 吸附物溶液中加入 $50mmol \cdot L^{-1} HgCl_2$ 后，观察到 510nm 处的荧光强度提高了 22 倍。在分析离心后的混合物溶液时发现，上清液的荧光光谱几乎与悬浮 AuNPs/l-PpH3$^+$ 吸附物和 $HgCl_2$ 的混合液相同，这表明在 Hg^{2+} 存在的情况下从 AuNPs/l-PpH3$^+$ 吸附物释放的 l-PpH3$^+$ 具有高度的荧光。对照实验表明，在磷酸盐缓冲液（$50mmol \cdot L^{-1}$，pH8.0，5％EtOH，25℃）中向纯 l-PpH3$^+$ 单独加入 $50mmol \cdot L^{-1} Hg^{2+}$ 不会直接导致荧光淬灭或荧光增强。这些结果表明，测定溶液的荧光增强主要是 Hg^{2+} 从 AuNPs/l-PpH3$^+$ 吸附物上置换 l-PpH3$^+$ 所导致的结果。重要的是，在 Hg^{2+} 不存在的情况下，在磷酸盐缓冲液（$50mmol \cdot L^{-1}$，pH8.0，25℃）中 AuNPs/l-PpH3$^+$ 吸附物稳定超过 1 周，除了荧光变化外没有其他任何迹象，而在 Hg^{2+} 存在时，AuNPs/l-PpH3$^+$ 的可见吸收光谱中出现的明显向红端移动（红移）的 SPR 带表明加入的 Hg^{2+} 可以通过还原为 Hg 原子诱导 AuNPs 进一步聚集，随后 Hg 原子沉积在 AuNPs 表面上。这一观察结果与我们的工作模型一致，这意味着 AuNPs 的表面电荷中负电荷减少，因此其失去了对阳离子 l-PpH3$^+$ 的亲和力，并在感测事件期间变得不易溶于水。

在相同的测定条件下（50mmol·L^{-1} 磷酸盐缓冲液，PH 值 8.0，25℃），我们获得了与其他汞盐如 $Hg(NO_3)_2$ 和 $Hg(ClO_4)_2$ 相似的结果，这表明反阴离子发挥的作用对我们的传感系统的影响可以忽略不计。因此，AuNPs/l-PpH3$^+$ 吸附物是测定水溶液中有毒 Hg^{2+} 含量的简单方法。

为了测试我们的传感系统的选择性，我们测定了 AuNPs/l-PpH3$^+$ 吸附物对其他金属离子的荧光响应，首先在 AuNPs/l-PpH3$^+$ 吸附物的荧光光谱磷酸盐缓冲液（50mmol·L^{-1}，PH 值 8.0，25℃）中加入 50mmol·L^{-1} 的各种金属离子，2min 后测量 510nm 处的荧光强度，结果显示仅在 Hg^{2+} 存在时才发生显著的荧光响应。同时，其他金属种类几乎没有变化。这些结果清楚地表明，AuNPs/l-PpH3$^+$ 吸附物基荧光传感器对 Hg^{2+} 的选择性高于其他金属离子。AuNPs/l-PpH3$^+$ 吸附物显示出优异的选择性归因于 AuNPs/l-PpH3$^+$ 吸附物中的 1-PpH3$^+$ 能够取代 Hg 和 Au 原子之间的特异性相互作用，并且 Hg^{2+} 能够被柠檬酸盐封闭端的 AuNPs 还原为 Hg 原子。然而，Hg^{2+} 诱导的荧光增强受共存 Ag^+ 离子的干扰。例如，向含有 Ag^+ 的 AuNPs/l-PpH3$^+$ 吸附物溶液中加入 Hg^{2+} 导致在 510nm 处荧光强度增加，但这个改变几乎可以忽略。这种现象可能是由于这些金属离子促进 Hg 原子氧化形成 Hg^{2+}，从而阻止 Hg 原子和 AuNPs 之间特定相互作用的结果。然而，目前不能完全排除银与 AuNPs 或其表面上汞沉积存在其他干扰性相互作用。

为了证明实际样品中 Hg^{2+} 分析的可能性，我们对淮南市采集的含有不同 Hg^{2+} 浓度的淮河水进行了荧光测定。AuNP/l-PpH3$^+$ 荧光强度的增加与合成河水样品中 Hg^{2+} 浓度的增加呈线性关系，与在磷酸盐缓冲液中观察到的结果相似。

上述荧光测定方法有几个重要的特点：测定方法设计简单，为 Hg^{2+} 的快速测定提供了一个方便的"混合测定"设计方案；没有使用化学修饰的金纳米粒子或额外的螯合剂，从而提供了一种在水介质中测定汞离子的简单方法。

由此，我们设计出了一种不对待测物产生化学反应，又有高选择性的方法来测定环境中的重金属离子，这使得对环境的分类监测和对各个污染物的有效监测成为可能。

二、重金属监测技术

工业和农业生产活动产生的污染物质中，铅、铜和铁等重金属已超过了正常水平，但由于水体自身的特殊性，使其难以被净化。当前，人类的技术还不能很好地解决这一问题，随着时间的推移，会导致水质的恶化，对水体中的鱼类和其他生物的正常生长造成影响，给人们的饮水和生活带来很大的不便，进而带来负面的影响。

(一)水中重金属监测的意义

人们生活所用的自来水在进入居民生活前已进行了水质净化，经过过滤和消毒处理后，才能满足使用要求。在水质净化的过程中，重金属污染的治理一直是水处理领域的一个难点。由于一些重金属会在人体中富集，虽然浓度很低，但是依然会对人体造成危害，因此重金属的监测势在必行。

不同类型的重金属会对人体产生不同程度的危害。例如，如果水里含铅，喝了这些水，就会导致体内铅的积累，从而引起贫血。水中含有铝等重金属时，还会导致胃蛋白酶的损伤等，而且水中还存在着多种重金属共存的情况。因此，应结合实际，对水体中含有的重金属进行分析，并采取相应的措施，使其对人类健康造成的伤害降到最低。为了对水体中的金属含量进行准确的测定，就必须运用重金属监测技术。

(二)目前水环境中重金属污染状况

在过去，我国是一个以重金属为主要污染物的国家。从北部的松花江到南部的海南三亚，均已发现水体中的重金属污染情况。按照国家有关水环境标准，目前我国水环境中存在着大量的复合污染现象，不仅是一种重金属污染，还是多种重金属污染的混合体。通过研究发现，水中的重金属含量与水的含盐度有一定的关系，即水的盐度越高，水环境中的重金属含量就越高，而在水底沉淀物中的重金属含量就越少，而在盐度越低的时候，重金属含量就越少。水的pH值还会影响水环境中的重金属含量，pH值过高时，水环境中的重金属含量过低，水底沉淀物中重金属的含量较高，而在pH值较低时则相反。在对河流污染状况进行调查的基础上，得出了河流附近水体中重金属含量最高的结论。例如，通过对松花江水环境质量的监测，发现松花江中下游水体中的重金属未达标，而松花江水体中的沉积物中的重金属则超过了国家标准，且以镉、汞为主。通过对长江水环境质量的调查，发现长江口虽然没有超标的重金属，但是若不加以控制，同样存在着潜在的危害。此外，水量、季节等因素对水体中重金属的浓度也有一定的影响。

（三）水环境中重金属的监测方法

1. 分离富集技术与电感耦合等离子体原子发射光谱法相结合

ICP-AES 的测定结果非常精确，与其他方法相比，该方法更快速，更简单，因此被广泛应用。通常，水体中的重金属含量相对较低，尽管 ICP-AES 具有较高的灵敏度，但是测定的难度仍然很大，所以在运用时应结合分离富集技术，提高测定技术，扩大适用范围。近年来，伴随着技术的不断发展，一些新型的富集分离方法如氢化物发生法、流动注射法等被提出，并在实际应用中获得了较好的结果。

2. 流动注射分析法

取相等体积的试品，将试品投入相应流速的载体中，二者通过反射器，达到一定的混合，混合后的产物从检测器中流出，即可进行测定。该方法具有快速、高效、减少试剂消耗等优点。

3. 荧光分析法

荧光分析法主要用于判断被测物中是否存在荧光物质，又分为分子荧光光谱法和原子荧光光谱法。荧光法是一种检测重金属离子的方法，其灵敏度高、操作简便。但是，由于水体中的很多重金属离子都不含荧光，因此使用这种方法时，必须在被测对象中加入一定数量的荧光，在大多数情况下，会造成浪费。由于荧光分析法自身的特性，使得它的使用受到了一定的限制，因此很少被应用于实践。

在水环境的监督管理中，重金属监测工作所占的比重是相当大的，随着技术的进步，重金属污染的监控手段也越来越多，各种监控手段的应用范围也越来越广，越来越准确。水质污染的影响十分显著，所以，重金属监测技术也在不断发展，但无论其如何发展，其本质的目的都是维持水环境，因此，我们不能因为重金属监测技术的不断进步而忽视对水质的管理，在水质保护这方面，我们要做的工作还很多。

三、工业废水中重金属污染物在线监测技术

工业废水重金属监测技术有原子吸收分光光度法、电感耦合等离子体原子发射光谱法、电感耦合等离子体质谱法、电化学分析法、化学比色法、射线荧光法、离子色谱法、中子活化法等。其中，在利用原子吸收光谱法对金属元素进行

测定的过程中，每次仅可以测定一种元素，具有较高的检出限，电感耦合等离子体原子发射光谱法与电感耦合等离子质谱法能够同时对多种金属元素进行分析，但是这些测定方法使用的设备需投入较高的维护费用。所以，在重金属在线监测当中，以上这些技术受到了很大限制。

就在线监测水中重金属而言，我国此方面起步较晚，监测六价铬较多，而在线监测其他金属成品则比较少。如今，在我国工业废水重金属在线监测当中，化学比色法与电化学分析法应用最为普遍。下文主要结合实践对这两种方法进行详细分析。

（一）化学比色法技术分析

化学比色法是一种重要的监测方法，是基于朗伯－比尔定律来进行测定的，在某些情况下，重金属离子会与相应的化学物质发生化学反应，从而形成新的化合物。在此基础上，利用一种与新生成化合物相匹配的单色光照射该体系，研究该体系中新生成化合物的吸收特性，并将其与待测化合物的含量进行关联，从而建立该体系中化合物吸收特性与待测化合物含量之间的定量关系。

这种检测方法相对简单，在检测的过程中，不需要特别的设备，通常只需要用到分光光度计就可以达到这个要求。因此，该方法在实验室检测中的应用比较广泛。在对水体中重金属进行在线分析时，除了要考虑其他金属成分的影响外，还要考虑如何选用合适的显色剂，从而建立起一个可靠的单色光度及光度测量体系；同时，为保证测定结果的准确性和稳定性，还需有一套可靠的进样设备；同时也要考虑到联机监视器的操作与维护成本。

采用此法对水体进行在线监测时，应针对重金属成分的不同，选用相应的显色剂。例如，在测定砷的时候，通常会使用银盐；在测定铅、锌的时候，通常会使用二硫；在测定镍元素的时候，一般会使用丁二酮肟等。同时，为降低其他成分对光谱分析的影响，应采用有效的方法，如在光谱分析中添加屏蔽剂，或添加氢氧物发生剂。在比色法水质在线分析仪中，一般情况下，一台仪器只能对一种离子进行测定，很难对多种离子同时进行测定。根据被测组分的差异，同一种在线分析仪一般可分为测离子态和测总量两种，同时拥有多个量程。

在线监测重金属过程当中，其灵敏度不高，在测定某些特殊组分以及较高浓度的重金属时比较适用，如在对工业废水中高浓度重金属组分的测定中发挥着重要的作用，特别是针对一些钢铁冶炼废水、采矿造成的废水及电镀废水等。在测定低浓度重金属组分的过程当中，如在测定污水处理设施排水口重金属的含量，这一方法通常很难满足特定要求，所以不采用该方法进行测定。在对水中重金属在线分析仪器选型的过程当中，应当考虑一个问题：在测定某些重金属物质时，将掩蔽剂或者显示剂加入其中，再加上一些生成物质，这会给监控设备、环境和工作人员带来极大的安全隐患。以砷比色法为例，一些厂商选择氢氧化物发生比色法，会有砷化氢这种剧毒气体产生，其危害性非常大。另外，还应考虑比色法在应用过程当中存在的干扰问题，如浊度以及颜色的不同都会干扰到测量，还应当对重金属组分彼此之间的干扰问题进行分析，在测铅过程当中通常选择二硫腙作为显色剂，但是这种显色剂可以和钴、镍、铜、锌等各种离子产生化学反应，并有有色化学物质生成，如果在铅测定过程当中，选择应用二硫腙法，那么测定水样当中这些组分含量不能过高，或者需要采用一些方法来预处理被测样品。

（二）电化学分析法监测技术

现如今，在工业废水重金属污染物在线监测过程当中，电化学分析法同样属于一种先进的监测技术手段，它是将化学变化与电现象充分结合起来进行重金属污染物在线监测，且普遍应用于很多领域当中，例如在对水中 $\mu g \cdot L^{-1}$ 数量级的重金属污染物的监测中发挥着十分重要的作用。对于电化学分析法而言，主要分为三个阶段。

第一个阶段是预电解工序，通过预处理装置对样品进行处理，然后通过序贯注入装置进入电解槽，在工作电极上施加特定的电压，实现样品的预电解过程，从而实现待测金属的预电解过程。

第二个阶段是静置，即保持电解池的静置，利用一定的手段，使工作电极上的重金属保持稳定，同时排除水里的气体物质对其产生的影响。

第三个阶段是溶解，利用特殊的方法将样品中的重金属离子溶解，在此基础上，获取样品中各组分波形，通过波形（峰高、峰位等）来判定样品中的成分。在电化学法中，以工作电极为主体，如薄膜电极、液态汞电极、多孔电极、铂电极、金电极等。

对于电化学分析法而言，在合适的分析环境以及工作电极前提下，可以定量精准地分析重金属在水中的 $\mu g \cdot L^{-1}$ 数量级，而且可以对水中很多重金属离子同时进行分析，分析工作开展时，不会有副产物产生。但是，由于水体中的有机物会对电化学分析方法产生相应的干扰，因此需要进行预处理，多数情况下只对总铅、总镉等金属离子进行分析。如果电极是用水银薄膜或液体汞做的话,那么在分析的时候就会把水银带入到电极中,这不但会对环境产生破坏,而且会给工作人员带来极大的危险,严重阻碍这项技术的普及和应用。

四、在线重金属分析仪存在的问题

由于缺乏相关的标准,因此造成了重金属在线分析产品的质量良莠不齐,例如,比色法重金属分析仪很难实现 $\mu g \cdot L^{-1}$ 量级的重金属分析,但是,当进行重金属元素的在线检测时,往往要对这一量级的重金属进行分析,一些厂家为迎合这一需求,对比色法重金属分析仪进行了大量的宣传,这与实际情况不符。

在对重金属进行在线分析时,因为缺乏相关的检定或校准程序,导致在认证测量仪表上存在着许多问题。部分企业为了迎合市场需要,利用过期证书做广告,严重影响了重金属在线监测市场的稳定发展。

目前,由于缺乏统一的标准,使得今后的重金属在线监测项目很有可能面临建成后不能精确运行的风险,如何提升该项目的标准化程度,是一个迫切需要解决的问题。

就重金属的在线监测来说,目前仍存在着一些问题,但是随着有关的法规的逐步健全,将会逐步规范化和提升。加强生态环境监测的重要目的是对环境进行改善,特别是在绿色环保理念不断深入的今天,更应当加强工业废水重金属污染物在线监测,提高监测技术水平,为保护和改善环境提供强大的支撑。

五、工业废水中重金属在线监测技术的发展趋势

近年来,社会经济高速发展,人们的环境保护意识逐渐增强,绿色发展理念也深入人心。一方面,水体中的重金属污染越来越严重,对其进行实时检测的技术要求也越来越高;另一方面,水环境的保护与改善对检测技术的要求也越来越高,而工业废水中重金属的在线检测技术也越来越重要。

重金属在线检测方法与传统的检测方法相比,化学比色法更容易被人们所接受,因此化学比色法应用较为普遍,在今后的监测过程当中,依然能够发挥更大的作用,尤其是监测环境本底值较高但不会对动植物造成更大危害的锌、铜等金属离子时,化学比色法仍是重要的首选监测技术。例如,重金属在线监测过程当中,SIA-2000 系列仪器,采用顺序注射分析法,试剂消耗量精准到 $1\mu L$,明显比化学比色法要少,能够有效控制运营成本,作用优势非常突出。

在水中重金属在线监测过程中，运用电化学分析法，针对一些饮用水源和地表水没有较高重金属含量的水环境监测，主要保持在 $\mu g \cdot L^{-1}$ 数量级，而对于一些工业企业和市政排污口，数量级则保持在几十到几百 $\mu g \cdot L^{-1}$，所以在重金属在线监测过程中，电化学分析技术具有非常低的检出限，其发挥的作用也非常大。但是近年来，绿色监测理念深入人心。过去应用汞膜电板以及液态汞电极的电化学分析技术，越来越不被人们所接受，在金属在线监测中，无汞重金属在线分析仪将成为重要的监测工具。

第三节　非金属无机污染物监测技术

一、电位分析法

电位分析法是电化学分析法的一种，是在零电流下测量电极电位从而测定水质成分的方法，它与水环境中被测非金属无机污染物离子的活度有关。

（一）直接电位法

根据电池电动势与有关离子浓度的函数关系，即能斯特原理，直接测出水中污染物离子的浓度。这种方法可测定的非金属无机污染物的项目有 F^-、CN^-、S^{2-}、NH_3、NH_3-N、NO_3-N、NO_2-N、Cl^- 以及 DO 等。该方法操作方便迅速、灵敏度高，可连续自动监测。但是这种监测分析方法对于电极响应斜率和水质的稳定性有很高的要求，在监测分析过程中会受到电极性质的限制。

1. 直接指示法

直接指示法是利用标准溶液校正离子选择电极及仪器，可在仪表上直接测得试样中待测离子的 pX 值（溶液中待测离子活度的负对数）。这种方法可以直接测得水体中的水分活度，也适合对浓度低且污染物成分简单的水进行快速分析，因此，这是一种简便快捷的监测无机污染物的方法。

2. 标准曲线法

当试样溶液中含有其他不干扰测定的离子时，可采用与样品溶液类似的标准溶液，使标准溶液中的溶液接电位尽可能不变，标准溶液的组分与试样溶液要力求一致。

标准曲线法即置电极在一系列的标准溶液中，测定电极电位值，在半对数（或方格）坐标纸上绘制电位－浓度曲线，然后测量样品溶液的电极电位值，在相应的电极电位标准曲线上求得试样溶液的活度（或浓度）。

3. 标准比较法

标准比较法适用于检测少量（或有限）样品，因此，应保证监测中提供的标准液和所要监测的样品液体中的待测离子在电极响应线性范围内，同时在电极斜率已知和未知的情况下应分别采用单标准和双标准比较法进行分析。单标准比较法需要一个标准溶液，而双标准比较法要有两个标准溶液，通过标准溶液和样品溶液的相应电极电位计算出电极响应斜率。

为了得到较准确的结果、便于计算和减小测量时的误差，在实际工作中，应尽可能选择与待测标准溶液的组分相近的标准溶液，通常使两个标准溶液的浓度成 10 倍关系。

4. 标准加入法

在水和废水监测的样品中，如果污染物的组成比较复杂，这时就可以采用此种方法进行分析，将标准溶液加入待测定的样品溶液中进行监测分析，得到高精度的监测分析结果。首先要根据相应的计算公式测得电池电动势，其次，将一定体积的标准溶液加入待测样品试液中，测得此时的电位值，最后将电池电动势和电位值相减，就会得出待测污染物的离子浓度。

在有大量络合物存在的污染物监测中，该方法是使用离子选择性电极测定待测离子总浓度的有效方法，因为它只需要一种标准溶液就可以简便、快捷、高效地进行监测操作。

标准加入法的测量精度取决于标准溶液的浓度、体积和待测离子的体积，标准溶液已经过高的精度测量，因此按照常规方法就可以很准确地对其进行监测，待测污染物的离子浓度数值越大，说明测量的精度就越高。在实际的监测分析中，待测液的浓度要小于标准液的浓度且体积要大于标准液，试液浓度的增量应该控制在 1～4 倍待测离子的浓度范围内，这时测得的误差会最小。

5. 格氏作图法

格氏作图法的原理是，在样本试验液中添加一组已知的量，然后测定每一次添加后的电势，用已知的电势和已知的增量制图，把这些点连在一起，再往下延伸，与横坐标的交点就是样本试验液的浓度。格氏曲线图就是将选择电极法用于资料处理中的一项主要技术。

（二）电位滴定法

电位滴定法是根据滴定过程中电位的突跃变化来确定滴定终点的滴定方法，利用电位滴定法进行水和废水监测能够分析酸度、碱度、硬度、溶解氧、氨氮等水质项目。在有色滴定、浑浊废水滴定等水质监测中，电位滴定法比直接用指示剂滴定法能够更加准确地监测分析，同时能实现高精度的水质监测分析，因此电位滴定法更加适合于水和废水中无机污染物的监测。

电位滴定法不仅不用严格使用指示电极，还可以利用化学反应来间接测定离子，比一般的滴定分析法测定的对象范围广，便于自动监测各类水体。对于不同类型的滴定方法，要选用合适的指示电极。

二、生物传感器测定法

生物传感器测定法是指利用生物分子优良的分子识别功能，结合转换功能进行测定的监测方法。该方法利用与待测物质具有良好选择性反应的生物分子进行测定。随着反应的进行，生物分子及其反应生成物的浓度发生变化，通过转换器变为可测定的电信号，从而达到选择性地测定待测物质的目的。常用的生物分子有多种，其中以酶及抗体最为常用。常用的转换器有电极、各种光学装置及石英振子等。生物传感器测定法具有操作简便、快速、耗资少的特点，特别是在测定剧毒物质时能够达到安全监测的要求。

三、其他监测仪器及技术

GC-MIP-FTIR 能同时测定试样中的 C、H、O、N、F、CL、Br、S 等元素，可根据混合试样中这些元素的保留时间、共振频率及强度进行三维解析，仪器要求条件较高且复杂、昂贵。

一般元素分析仪能很方便地进行 C、N、S 等元素的测定；测定水中颗粒物吸附的 CL、Br 时，可采用二级石英管燃烧法。

测定非金属元素时，可采用衍生化方法，还可用国际分类法、高性能的离子色谱法以及分光光度法。

分光光度法测定 HS^-、CN^- 及 Br^-、I^- 等离子时可达到极高的灵敏度，例如，用氯胺-T、二苯甲烷测定 Br^-、I^- 的检出限分别是 $15pg \cdot mL^{-1}$ 和 $20pg \cdot mL^{-1}$。

第四节　有机污染物监测技术

一、有机物污染及其治理

随着社会经济的快速发展，特别是工业化、城市化进程的加速，水环境污染问题日益突出。水环境中的污染物以沉积物为主，且会在水体和沉积物之间进行转移和转化，为了有效地保护水环境，需要对沉积物进行全面、科学和合理的监测，才能保证水环境的质量。

对于水环境中的有机物污染而言，有机物拥有生物积累性，增加了突变、畸形、癌变等发生率。从目前来看，做好水及废水监测，并对其中的有机污染物进行有效测定是提高水源保护质量的关键，结合当前水和废水监测中有机污染物的类别，以及有机污染物造成的影响，做好监测并提高污染监测的针对性和有效性，对满足水源保护要求和提高水源保护效果具有重要影响。因此，我们应当掌握水及废水中有机污染物的种类及来源，分析有机污染物造成的危害，并制定有针对性的监测和治理方法，使废水中的有机污染物能够得到有效治理。

水体中有机污染物可细分为耗氧型有机污染物和微量有机污染物，其中有机污染物的不断增加已成为水体可持续发展和危害人体健康的重要因素。根据有机污染物的不同特征，要选择不同的监测方式，对水体样品、设备仪器进行预处理和监测，将水体中的污染物分离出来，然后进行定量分析。

有机污染物作为水及其污水中的一种重要成分，严重影响着水质，若不加强对其的监控与处理，不仅会引起二次污染，还会加大水源地管理的难度，使得水源地的保护工作陷入困境。为此，需要对水体中有机物的种类、来源以及对水环境的影响进行深入的研究，并通过对水体中有机物的检测，对水体中有机物的污染状况进行深入的研究，从而达到对水环境的有效保护。

21世纪，由联合国环境规划署理事会组织召开的国际文书政府间委员会第五次会议正式对12种有机污染物进行了明确规定，要求禁止或限制其使用，并号召世界各国关注环境，开展水环境监测。

（一）水及废水中有机污染物的种类及来源

1. 有机物的种类

在污水处理过程中，氨化物、氮化物和氯化物是污水处理中最常见的有机污染物。其在污水中的总量很大，对污水的水质构成有很大的影响。其中，氨化物、氮化物以及氯化物主要由尿素、脂肪酸、尿酸、有机碱等构成，这些化合物主要来自工业废水、生活污水以及一些特殊的生产企业，如饲料加工厂和肉类加工厂等。从当前污水的各项指标分析，污水中有机物污染严重，难以控制，对整体水质造成不可逆转的影响。因此，降低污水中的有机物含量，改善污水处理效果，已成为水源地保护和污水处理工作中的一项重要课题。因此，必须对水及其污水中的有机物质进行综合分析。

2. 有机物的来源

从目前的有机物质来源来看，它们主要来自水和生活污水，在这些废水中，有90％的有机物质是由工业废水中的氯化物和氨氮所构成的，而在生活污水和动物养殖过程中所产生的污水中，只有10％的有机物质含有氯化物和氨氮。由此可以看出，工业废水是造成水源污染的首要因素，钢铁企业、炼油企业、化肥企业、无机化工企业、钛合金企业、玻璃制造企业、肉类加工和饲料生产等企业排放的工业废水，是造成工业废水中氯化物、氨化物和氮化物超标的主要源头。工业污水中的有机污染物含量高，污染水源，同时有机污染物的处理也比较困难，有机污染物会不断地增殖，导致水体中的有机污染物越来越多，对工业污水的处理产生了很大的影响。因此，弄清污水中有机质的来源是处理污水的关键。

（二）水及废水中有机物的危害

1. 影响水体质量

现用水和污水中有机物的来源以工业污水为主。工业污水中含有多种类型的有机污染物，对水质有很大影响。在一定的条件下，有机物质能够不断地生长和繁殖，最终造成了水质的严重污染，并对整个水源地造成了一定的影响。通过对现有污水处理工艺的分析，指出了在污水处理中应注意的问题，即防止污水中有机物质的污染，降低有机物质的排放量。已有的污水处理经验表明，在一定的环境条件下，污水中的有机质能够迅速增殖，并对水质造成不可逆性的影响，若得不到有效的调控，将会使水质急剧恶化，甚至引发大规模的水污染。因此，深入了解有机物的特征，了解其对水环境的影响，对于水环境中有机物的污染控制都有着十分重要的意义。

2. 造成二次污染

有机污染物不但对水体产生一次污染，在适当的条件下还会产生二次污染。这主要表现在，有机污染物具有一定的繁殖能力，特别是氨化物和氮化物，能够在水中富饶的环境中生存，在遇到适宜的温度和气候条件时会加速生长，很快地侵入水体，使得水源地的污染面积快速扩大，给水源地的保护带来了严峻的挑战。所以，在预防和控制有机污染物的过程中，应该对其进行实时监控，如果发现其含量达到一定程度，就应该及时进行处理，以防止由于处理不当而引起二次污染，进而影响到整个水源地。因此，防治二次污染，是治理水体中有机物污染的根本。

（三）水及废水中有机污染物的监测和治理方法

1. 监测方法

由于水体中有机污染物危害极大，且对水体中的水质产生了较大的影响，因此，在对其进行处理之前，首先要对其进行有效的监测。要满足监测的需要，就必须在水源地、水源地流域中建立起水源监测网络，并使用定时取样的方式，对水源地的水质展开化验。同时，对水质的变化趋势、水质中的有机污染物含量等进行分析，确保监测的强度、频率都达到标准。同时，要加强监测的针对性，重点关注工厂周边的流域，保证水及废水中的有机污染物得到有效的监控，减少有机污染物的排放，一旦发现有机污染物进入水源地，要及时进行干预，防止有机污染物得不到干预而大范围扩散。因此，科学监测、提高监测质量，并定期对水样进行化验和分析是做好水体监测的重要措施，也是解决水体监测问题的重要措施。

2. 治理方法

基于有机污染物的特点及其造成的严重危害，治理时应从源头入手，防止有机污染物过多地排放到水体中，应充分掌握流域附近工厂的数量和类型，对易产生有机污染物的工厂进行定点监测，如有有机污染物排放超过标准，应立即通知企业。

此外，还有一种方法，就是生化处理。例如，废水中的氮素主要是有机氮素和氨氮，我们可以通过向池底投放菌群，利用菌群来脱除这些氮素。同时，利用生物同化、生物矿化等方法，可以对有机物质中的氨氮进行有效的处理，从而快速地去除水中的氨氮，减少水中的氨氮。微生物法是当前污水处理的主要方法，在污水处理中发挥着重要的作用。

因此，我们必须了解水和污水中有机物的类型和来源。在水源地保护过程中，有机污染物的检测对整个水源地的保护起到了很大的作用。因此，做好有机污染物的检测工作，并采取行之有效的方法对其进行处理，对于提升污水处理的效果，同时也为解决目前在水源保护方面遇到的有机污染物的处置问题作出了巨大贡献。所以，我们要从污水监控的实际需求出发，重点关注有机污染物的检测，保证其检测结果能够达到要求，从而让有机物的测量可以更好地为水源地的环境治理提供服务，这对提升水源地的环境治理效果有着非常重要的影响。

二、快速溶剂萃取技术

快速溶剂萃取技术(ASE)以持久性有机污染物(POPs)为研究对象，该类污染物具有积蓄性、持久性、高毒性、半挥发性与长距离迁移性等特点。在监测水环境中持久性有机污染物时，如果仍采用传统方法，则难以满足工作需求，造成此情况的原因为持久性有机污染物采样点复杂、样品数量较多，实践中应进一步增加萃取的效率与质量。

快速溶剂萃取是一种能从固态和半固态水体中高效、快速提取有机物的技术，在水体环境检测中发挥了重要作用。通过推广应用，此法已逐步成为一种标准化的提取方法，相对于其他提取方法具有明显的优越性。

(一)快速溶剂萃取技术原理、流程及特点

1. 原理

基于溶质在各种溶剂中的溶解程度差异，采用快速溶剂萃取装置，在高温高压条件下，采用适宜的溶剂，实现对样品中有机物的快速高效提取。在高温(度)和高压(强)的作用下，溶质呈正反向进行，从而使得脱附与溶解速度、溶剂沸点都得到了极大的提升，这样，分析物就可以从基质中快速脱附，而且可以很快地进入到溶剂中，从而确保了萃取速率。

对于高温，快速溶剂萃取仪的萃取位共 12 个，清洗位共 2 个，萃取池共 3个，体积不同，分别为 34 ml、66 ml 与 100 ml。在实际应用中，要根据有机质的难易程度来选择适当的反应温度。本装置工作温度为 50～200℃，一般情况

下，杂质的均温为 100℃，所以一般提取杂质的最佳工作温度为 5～125℃。随着温度的提高，不但基体效应增大，反应速度加快，溶出速度加快，而且溶液的黏度也随之下降。

就压强而言，该技术的实质是一种液固相萃取，压力越大，溶剂的沸点就越高。相对于气体溶剂，液体溶剂更容易与溶质发生反应，且在高温和高压下能维持液体状态，并能在溶剂萃取器中迅速分散，从而确保了萃取速度。此仪器的压力为 1 500psi(约 10.34MPa)。

在循环过程中，对水体中的有机污染物进行提取时，要遵循多次少量的原则，并通过增加静态提取的次数(例如，2～3 个循环)，以此来接近动态萃取，以保证萃取效果及质量。

2. 流程

快速溶剂萃取技术的萃取流程具体如下：在萃取池中加入有机污染物与溶剂，之后加热加压，待达到目标温度与压强条件后，再加入溶剂，经过多次循环萃取，再进行萃取分析。在实际操作中，应该注意下列几点。

一是做好样本的准备工作。若在工作中选择水样，将会对提取效果产生影响，故在提取之前，可以通过自然风干或添加干燥剂来使样品干燥；当检测到样品的比表面积大时，提取的效果也会下降，此时需要将试样粉碎，使其粒度小于 0.5 mm。以聚合体样品为例，如液态氮，其应处于低温环境，并在添加了添加剂之后进行磨削；对于海洋砂岩、硅藻土等样品，因其粒径小，提取时需使用分散剂，以确保提取的品质。

二是萃取剂的选择。萃取剂选择的好坏，对提取效果有很大的影响，直接影响到提取的成功率。有机溶剂、缓冲液、水等都可以用到，但是不能用强酸。在提取过程中，要遵守"相似相溶"原则，也就是提取剂的极性与被提取物的极性不变。当混合液的极性差异较大时，可以采用多种组分同时提取。

3. 特点

(1)使用较少的有机溶剂就可以完成测定。

(2)萃取过程中可以快速、高效地进行，常规萃取一次仅需 15min，同时其拥有良好的选择性，保证了萃取质量，已被美国制定为 EPA 标准方法。

(3)便捷、安全，在实践过程中可对 12 个样品展开连续、自动萃取。

（二）快速溶剂萃取技术在水环境监测中的应用

1. 工艺比较

（1）传统工艺

以 10～30g 的样品量为例，与索氏提取技术相比，快速溶剂萃取技术需要的溶剂体积为 15～45mL，萃取时间为 1～4h，而前者需要 300～500mL、4～48h；如果样品量为 30g，超声波提取技术需要的溶剂体积、萃取时间分别为 300～400mL、0.5～1h；如果样品量为 5g，微波提取技术需要的溶剂体积、萃取时间分别为 30mL、0.5～1h。这一结果显示，在同样的样本量下，快速溶剂萃取技术所用的溶剂比其他方法要少很多，在样本量不同的条件下，通过计算可以得出，快速溶剂萃取技术所需要的时间是 12～20min。因此，采用高效、经济、快捷的提取方法，实现了全自动化提取。

目前，大部分实验室使用的是索氏萃取法，这是一种传统的萃取法，所用的溶剂一般在 500 mL 左右，萃取时间一般在 4～48h 之间，且系统封闭性和自动化程度不高，实际应用中只能选择一种溶剂；而所使用的快速萃取法，所用的溶剂只有 10～15 mL，萃取时间一般只有 10～15min，且具有很好的封闭性和自动化程度，在溶剂选择方面的自由度更大。通过对比分析可知，采用快速溶剂提取工艺，既可减少提取时间，又可保证提取效果。由于其使用的溶剂更少，因此也可减少单一样本的萃取费用。同时，由于体系封闭，可防止有机成分的流失，确保了回收率。

（2）超临界萃取技术

采用超临界气体进行萃取，采用的是中性二氧化碳和极性改良剂作为溶剂，并需 3～5 个氧瓶，仅能满足小量样品的提取需求；而快速溶剂萃取技术就是利用了这种优点。它所选择的极性溶剂具有很高的选择性，而且它的仪器结构也很简单，操作起来也很方便，还适合于大样本的提取。

通过比较研究可以看出，快速溶剂萃取技术有着非常明显的优势，该方法具有应用面广、提取操作简便等优点。同时，在化工过程中，气相提取的效果要比液相提取的效果好得多，过程简单，并且所需的溶剂相对较少。该方法的最大容量是 100mL，既能满足大规模样本处理的要求，又能满足微量和超微量污染物的提取。

经过上述分析可知，快速溶剂萃取技术可取代其他方法，总体来看，此工艺具有高、精、尖等优点。

2. 应用情况

通过对有关法规的分析，可以看出该方法可以应用于水环境的监控。从实际应用中可以看出，该方法对有机氯、有机磷、除草剂、多氯联苯、多氯联苯、柴油、多芳烃、金属有机化合物都有很好的提取效果。在实际应用中，通过将索氏萃取法和超声波萃取法相结合，实现对萃取过程的封闭式控制，以提高萃取的安全性，保证工作人员的安全，避免对环境的污染。

国外学者在水体环境中选择了 OCPs 和 PAHs 含量不同的索氏萃取法，并对其进行了检测，结果表明：OCPs 和 PAHs 的提取效率均优于索氏萃取法；有关学者通过试验证明，采用快速溶剂萃取法提取有机氯农药，其效果和品质都要好于索氏萃取法；我国学者通过对水中 OPFRs 的多种提取方法进行对比，发现采用溶剂快速提取法具有较高的回收率。

3. 技术改进

目前在水环境监测领域，所采用的快速溶剂提取技术只能提取固相中的污染物，然而，当该技术应用到含多种有机污染物的水体中时，却存在着一些缺陷。因此，未来还需要进一步完善该方法，以便能够应用到更广泛的有机污染物中。

同时，由于水体中存在大量易挥发性组分，若继续使用传统的顶空气相色谱法，很难确保对水体中污染物的有效检测。随着 ASE 技术的发展，水环境中半挥发性、难挥发性、难降解性的有机污染物的检测能力也随之提升。在进行工作的过程中，可能会涉及许多不同的技术(例如，固相萃取技术、色谱技术等)进行综合应用，以此为基础，水环境监测的效果将会更加明显。

第五节　水生态环境监测

一、我国水生态监测的发展历程

生态环境部门从 19 世纪 80 年代起开展水生生物监测工作，黑龙江、辽宁、江苏、湖北、浙江、云南等地生态环境监测机构以及长江流域、珠江流域、海河流域等流域监测机构探索开展水生生物监测，初步形成了水生生物监测能力。2012 年起，中国环境监测总站在松花江流域组织开展了水生生物试点监测工作。2019 年起,启动长江经济带水生生物试点监测。2020 年,在以上工作基础上,拓展实施重点流域水生态状况调查监测,并依托"十二五"水专项——"流域水生态环境质量监测与评价研究",分河流和湖库不同水体,建立起一套涵盖物理生境、水生生物、水体理化要素指标的水生态环境质量监测评价技术体系。在此基础上,2023 年形成了《水生态监测技术指南河流水生生物监测与评价(试行)》(HJ 1295—2023)和《水生态监测技术指南湖泊和水库水生生物监测与评价(试行)》(HJ 1296—2023),为全国范围内开展水生态监测评价奠定了良好的工作基础。

2004 年水利部门提出建立黄河水生态质量评价指标体系,对黄河水生态质量评价展开了一系列研究工作。建立了水生态质量评价指标体系,系统化评价了河流水生态质量。2020 年出台了《河湖健康评估技术导则》,从水资源管理角度出发,对水文水资源、物理结构、水质、生物和社会服务功能等多方面开展综合评价。林草部门 2014 年开始推出了《森林生态系统生物多样性监测与评估规范》《自然保护区建设项目生物多样性影响评价技术规范》等有关标准和方法,开展森林等生态系统的生物多样性监测评估与保护。农业部门开展渔业资源区域水生生物监测,定期发布《中国渔业生态环境状况公报》,出台《农业野生植物原生境保护点建设技术规范》等有关标准和技术方法,指导开展河口等重要区域,以及农业农村地区野生植物生长生境的监测与保护工作。中国环境科学研究院、中国科学研究院、清华大学、南京大学、复旦大学、重庆大学等众多国内科研院所与高校将水生态健康评价理论作为重要研究方向,相继开展了不同流域水生态健康评价指标体系和评价方法的研究工作,在河流、湖库、河口、近岸海域等不同水体,探索开展水生态系统质量、结构与功能等方面调查与评价。

从 2010 年 3 月 10 日习主席提出"漓江水质决不能破坏,漓江不仅是广西人民的漓江,也是全国人民、全世界人民的漓江,还是全人类共同拥有的自然遗产,我们一定要呵护漓江,科学保护好漓江"起,到 2022 年 8 月 16 日,习主席先后 20 多次对水生态保护和修复做出重要指示讲话,先后三次在长江经济带发展座谈会上讲话、在黄河流域生态保护和高质量发展座谈会上讲话,强调要把绿色发展理念贯穿到生态保护、环境建设、生产制造、城市发展、人民生活等各个方面,加快建设美丽中国。随后不久,《长江保护法》《黄河保护法》相继出台。2020 年,出台《生态环境监测规划纲要(2020—2035 年)》,对加强水生态监测做出顶层设计和系统部署，2021年，全国生态环境保护工作会议要求突出流域上下游、左右岸、干支流协同治理，以水生态修复为核心，统筹水资源、水环境、水生态系统治理。"十四五"期间，推动实现我国地表水由单一水质监测向水生态环境监测转型必要且紧迫。2022年黄润秋部长在全国水生态环境保护工作会议上做了《深入打好碧水保卫战 推动水生态环境保护工作迈上新台阶》的报告。2023年4月，生态环境部联合发展改革委、财政部、水利部、林草局等部门印发了《重点流域水生态环境保护规划》（以下简称《规划》），制定实施《规划》是贯彻落实党中央、国务院关于水生态环境保护决策部署的重要举措，是统筹水资源、水环境、水生态治理，推动重要江河湖库生态保护治理的具体行动。此《规划》落实的一项重要保障措施是加大科技支撑，加快构建全国水生态监测评价体系，补齐水生态监测短板，服务"水资源、水环境、水生态"系统治理，因此，水生态环境监测是生态环境质量监测的重要内容，是水生态环境考核管理的重要支撑。

二、水生态监测

水生态监测就是对水生态系统开展的监测工作。水生态系统由水生生物群落以及影响其生长繁殖的非生物环境组成，系统间各要素通过物质循环、能量流动和信息传递等过程达到动态平衡。而评价水生态系统必须有评价指标，水生态评价指标体系，以"水生态系统健康"指标为核心，以"水生境保护""水环境保护"和"水资源保障"三方面指标为支撑的流域水生态评价指标体系，用于评价流域（区域）河流、湖泊、水库水生态系统状况。因此，水生态监测的主要任务就是加快构建水生态监测评价体系，补齐水生态监测短板，服务"水资源、水环境、水生态"系统治理。水生态监测评价指标以水生生物、生境和水质为主，但各省份可视实际情况增加环境DNA、稳定同位素、生物体残毒等监测指标。

（一）水生态环境监测点位的设置原则

代表性原则紧扣管理需求，突出重点水体，涵盖流域河流的干流、主要支流和重点湖库，优先考虑国家级自然保护地、重大水利工程、人类活动密集区。同时，应覆盖流域内主要生境类型，可捕捉和体现人为活动的影响，力求全面反映监测区域水生态环境的整体状况。

科学性原则遵循水生态系统特点，综合考虑地理条件、水体类型、生物群落、流域开发利用等因素，充分考虑流域内上中下游、左右岸、干支流和江河湖库水生态功能分区特点，以获得真实反映流域水生态状况的第一手监测数据。

延续性原则在重点流域水生态监测调查的基础上，尽可能延续历史及现有监测点位，以保持监测结果的连续性和可比性，同时尽量选择现有国、省控水环境监测点位作为新增点位，从而保障流域水质数据的持续性，从水生生物和水质监测数据等方面掌握流域水生态状况变化趋势。

针对性原则考虑流域水生态环境保护规划的工作重点，围绕群众关注及中央督查发现的重要水生态问题，结合各流域水生态监测安排，选择典型水体开展加密监测，提高流域水生态监测结果的代表性和有效性。

可行性原则综合考虑人力、资金、后勤保障、安全性等条件，充分利用现有资源，立足于监测目标，优化监测点位布设，保证监测外业工作的可行性。监测点位具备良好监测条件，确保监测人员的人身安全。

(二)水体筛选的原则

河流筛选原则如下。①优先选择区域内具有重要生态功能或社会关注度高的代表性水体开展监测工作。6—9月无稳定地表径流的水体，原则上不纳入监测范围。一般包括干流及主要一级支流(流域面积 1 000km² 以上的河流)、二级支流(流域面积 500km² 以上)及独流入海河流(流域面积 1 000km² 以上)。②纳入重点流域水生态环境保护规划开展水生态保护和修复的河流。③地市级及以上有关部门实施水生态保护修复的河流。④设有国家级自然保护区、湿地公园、水产种质资源保护区的河流。⑤三峡、南水北调等大型水利工程所在河流或对其水质影响较大的重要支流。⑥社会各界高度关注或生态环境问题突出河流。⑦新三湖和老三湖等的主要入湖、出湖、环湖河流。⑧年径流量超过地级以上城市来水总径流量80%的主要河流。

湖库筛选原则如下。①覆盖面积大于 100km² 的大型湖泊、库容大于 10 亿 m³ 以上的大型水库。②纳入重点流域水生态环境保护规划开展水生态保护和修复的湖库。③地市级以上有关部门实施水生态保护修复的湖库。④设有国家级自然保护区、湿地公园、水产种质资源保护区的湖库。⑤三峡、南水北调等大型水利工程所在水库。⑥社会各界高度关注或生态环境问题突出湖库。

根据每个水体所在地区的气候、海拔、降水量、生态功能区划、地质类型、地形地貌、水文特点、阻隔、人类活动强度、省市级行政区划等要素，将水体进行划分，划分后的水体，作为一个独立的监测单元。不同要素划分时，选取最小监测单元作为最终独立监测单元。湖泊、水库作为一个独立的监测单元。

（三）监测项目

水生生物河流必测项目包括大型底栖动物和着生藻类。湖库必测项目包括大型底栖动物（浅水湖库）、大型水生植物、浮游植物和浮游动物。有条件的流域（区域）可增测鱼类、生物体残毒、稳定同位素和环境 DNA 等。

水环境必测项目包括水温、pH 值、溶解氧、电导率、浊度、高锰酸盐指数、氨氮、总磷和总氮，湖库点位增测透明度和叶绿素 a。

水生境河流（湖库）生境调查采用照相机或摄像机、无人机等照相器具、测量工具及遥感解译卫片及解译结果对生境进行调查，调查的主要要素为调查点位基本信息、天气条件、河流岸边带（湖库沿岸）及水域特征、河道特征、常规水环境特征、常规沉积物和底层环境特征等指标。

监测手段包括实地调查、遥感及无人机监测。有条件的地区根据工作需要，可增加选测项目，包括但不限于河流岸线及缓冲带、水体连通性、水源涵养区质量和水生生物栖息地；湖泊岸线及缓冲带、水源涵养区质量和水生生物栖息地；水库水源涵养区质量和水生生物栖息地。

（四）监测方法

监测方法见表 2-1。

表 2-1　监测方法

序号	类型	检测指标	名称	文号/编号	发文/制定单位
1	水生生物	大型底栖无脊椎动物	《水生态监测技术要求 淡水大型底栖无脊椎动物（试行）》	总站水字（2021）629 号	中国环境监测总站
2		浮游动物	《水生态监测技术要求 淡水浮游动物（试行）》	总站水字（2022）47 号	中国环境监测总站
3		水生植被	《湖库水生植被遥感提取与野外核查技术规定（试行）》	卫星环字（2022）6 号	生态环境部
4		水华	《水华遥感与地面监测评价技术规范（试行）》	HJ 1098—2020	生态环境部

续表

序号	类型	检测指标	名称	文号/编号	发文/制定单位
5	水生境水环境	自然岸线	《河湖岸线遥感提取与分类技术规定(试行)》	卫星环字(2022)6 号	生态环境部卫星环境应用中心
6		水源涵养区	《全国生态状况调查评估技术规范 生态系统质量评估》	HJ 1172—2021	生态环境部
7		水生生物栖息地水质	《自然保护地人类活动遥感监测技术规范》	HJ 1156—2021	生态环境部
8			《自然保护区人类活动遥感监测技术指南(试行)》	环办(2014)12 号	原环境保护部
9			《国家地表水环境质量监测网监测任务作业指导书(试行)》	环办监测函(2017)249 号	原环境保护部

三、水生态环境监测新技术

(一)遥感监测技术

遥感技术属于一种以物体电磁波为基础的监测技术,因为不同参数的电磁波存在差异,所以监测人员可在不与目标接触的情况下,对目标的电磁波状况展开远距离探测、识别和收集记录,并展开分析,进而可对水体状况作出判断,进而为有关部门的决策制定和执行提供依据。这种方法具有监测范围大、自适应、追踪能力强、数据获取速度快等优点,该系统可以对水环境进行全方位的监测,从而提高了水生态环境的监测工作效率。传统的水生态环境遥感监测程序包括数据输入、定位复设、图像校正、图像划区、反射率计算、平滑滤波、图像掩膜、应掩膜、环境模型库、水质反演。由于受污染的水和含某种物质的水,其光谱特性与干净的水有很大的不同,因此,在水体富营养化、泥沙污染、热污染、废水污染、石油污染等方面,遥感技术的监测指标一般包括了水体透明度、溶解物、悬浮叶绿素浓度等。但是,目前遥感监测技术还处在探索和研究的过程中,由于受到一些限制,其功能尚未得到充分发挥。未来,仍需持续开展高光谱分辨率、水质参数模型和水质参数监测项目等方面的研究,促进信息化技术与水生态环境监测技术的融合,提升该技术的应用水平,促进水生态环境监测工作的高效开展。

（二）物联网监测技术

物联网技术利用信息传感设备，根据约定的协议，将物体与网络相连接，并通过信息传播介质进行信息交换和通信，从而达到智能识别、定位、跟踪、监控的目的。物联网包括感知层、网络层、应用层三个层次。感知层主要负责对各种水质数据的感知性与识别；其中，网络层主要负责从感知层收集数据，并通过无线方式向感知层发送数据；在应用层面上，主要通过云计算技术对数据进行处理和分析。在实际工作中，利用分布式传感器网络对拟监测水域水体中各参数进行全方位监测，将监测工作与无线通信和嵌入式系统技术相结合，收集分析部分水质指标数据，并对河流水质变化情况进行在线分析，确保了监测的真实性和有效性，可在最短时间内发现水生态环境问题，全面有效地提高了监测质量和水平。当前，针对水生态环境监测中的点位布设存在的缺陷、复杂性高、可扩展性差等问题，国内外学者采用无线传感网络技术、嵌入式技术、无线通信技术以及计算机监测技术，实现了对地下水的水位、埋深，水库的水文、透明度、藻类等部分指标，河流的硝酸盐氮、溶解性有机碳、浊度等，湖泊中的理化、微生物参数等以及海洋环境质量的高精度监测、实时数据提取及在线建模等。随着科学技术的不断发展，物联网技术在水生态系统中的应用也在不断向智能化和现代化方向发展。

（三）生物监测技术

生物体与其生存的水体生态环境是相互作用、制约和依存的。当水生态环境被污染时，污染物会随水体被生存于水中的生物体吸收，并在人体内进行迁移、积累，从而产生多种症状。而生物检测技术正是通过对受污染水体生态环境变化的灵敏反应，对水体的污染程度进行评估，从而确定水体的污染类型。当前，生物监测技术已被广泛应用于水生态环境的监测，如微生物群落、生物行为、荧光细菌、生物传感器等。微生物群落监测技术是通过聚氨酯塑料采集样品，在统计微生物分布指数计算结果的基础上评估水生态环境污染情况。生物行为反应监测技术通过监测鱼类、双壳贝类等受到污染物危害后所表现出的行为或者生理机能的变化，并以此来判定水生态环境的污染种类及程度。荧光细菌的检测方法，主要是利用细胞荧光特性，污染物的遗传毒性为参照物，并与水、生物毒性监测仪器相结合。生物传感检测技术是通过适当的生物传感器（BOD、DNA、微生物等)将生物敏感性转换为电信号来进行检测的。在实际的监控过程中，要结合具体情况，科学地选用适当的监控手段，以达到监控的目的。

(四)三维荧光监测技术

三维荧光监测技术是利用荧光信号的波长和强度，对样本进行定量和定性检测的方法。水体中的有机污染物被微生物降解后，会产生大量的酶、辅酶、色素和代谢物等，这些物质被紫外线照射后，会释放出独特的荧光。然而，在水中溶解性有机质(DOM)检测时，水中某些离子或有机质会产生荧光猝灭，导致其荧光强度下降。因此，DOM 的发光强度除了受其组成及含量的影响外，还受到温度、pH 值及金属离子等因素的影响。目前，三维荧光技术在饮用水水源地监测、湖泊富营养化原因分析、污水生化处理效果评估等领域得到了广泛的应用，并与多种化学计量学方法(如并行因子分析、主成分回归、偏最小二乘法等)相结合，形成了一种用于复杂多组分系统的三维荧光分析新方法。三维荧光检测具有灵敏度高、操作简单、检测效率高、试剂消耗少、不破坏样品环境等优点，但其发展仍有局限，亟待在毒害物、农药残留及荧光光谱技术建模等方面进行改进和完善。

(五)其他类监测技术

水生态监测技术除上述几种以外，还有环境 DNA、稳定同位素、生物体残毒，如下分别作一介绍。

环境 DNA 是生物体与其所处环境发生相互作用后所产生的 DNA，主要来源于生物体的组织、分泌物、排泄物、血液、尸体等，它们广泛分布于土壤、沉积物、冰芯及天然水体等，是一种完整的和残缺的 DNA 混合体。环境 DNA 技术是一种从环境样品(土壤、沉积物、水等)中直接抽取 DNA 片段，并通过测序技术对其进行定性、定量分析的技术。

通过对稳定同位素分析，追踪自然界生源要素(碳、氮、磷、水等)的地球化学循环过程，研究动植物对环境胁迫和全球变化的生理生态响应、追踪污染物的来源与去向以及重建古气候和古生态过程等。

分析生物体残毒是反映较长时间内生态环境质量的技术。

综上所述，通过水生态建设，逐步构建国家和地方统筹的水生态监测网络，完善监测数据共享机制，建立健全水生态监测技术规范体系，引导地方加强水生态监测能力建设，壮大监测技术人员队伍，因地制宜建立水生态评价指标体系，不断提升水生态监测的科学化、规范化、信息化、现代化水平，助力水生态环境保护由污染治理为主，向水资源、水生态、水环境等要素协同治理、统筹推进转变，为实现 2035 年美丽中国建设目标奠定良好监测基础。

第三章

空气和废气监测技术

2022 年，全国还有近三分之一的城市空气质量不达标，空气质量受不利气象条件影响较大，秋冬季大气污染依然较重，区域性重污染天气过程仍时有发生。因此，空气和废气监测依然是生态环境监测的重点内容之一。本章分为环境空气与废气、无机污染物监测技术、有机污染物监测技术、颗粒物监测技术、降水监测技术五部分，主要包括环境空气与废气概述、空气污染物种类、空气污染的现状及危害、紫外可见分光光度法、气相色谱法、色质谱法、重量法、压电晶体振荡法、β射线吸收法、固定污染源废气中颗粒物监测技术、降水监测项目及技术分类、称重式降水监测系统等内容。

第一节 环境空气与废气

一、环境空气与废气概述

（一）地理概念

"空气"是一种广义的空间地理概念，航天时代之前仅指地球表面的空气压，航天时代以来，泛指各行星表面的气态层。在环境科学中，"大气"是指由不同的气体和悬浮物构成的一种复杂的流动体系，它的主要功能如下所述。①直接参与生命物质循环：动物呼吸氧气，放出二氧化碳；植物吸收二氧化碳，进行光合作用，放出氧气。②对生态系统功能的调控：驱动水循环和调控气候；传播植物的花粉，让生物的生长和繁殖；对有毒有害物质进行稀释和分解，以保持最基本的生存状态。③地表保护效应：臭氧层对紫外线的防护；空气层对陨石雨的防护；温室效应，维持地球温度。④为人们提供生产、生活所需的物质，例如，提供医疗用氧、助燃剂、传播声源等。

（二）物质概念

"空气"是一种物质定义，特指地球表面附近的气态物质，位于近地面约 $10km$ 的对流层，也称空气层，是多种气体的混合物，适宜人类和生物在其中生长。空气层厚度虽然比大气层厚度要小得多，但空气质量却占大气总质量的 95% 左右。

在生态环境监测科学中,更多地使用"环境空气"的概念,一般泛指人类生产、生活环境周围的空气,更多的是指现有监测技术条件所能测量到的空气部分,即"环境空气"通常用以表征能够测量到的空气。习惯上,人们常把"环境空气"与"空气"作为同义词使用,而很少使用"大气"的概念。

(三)环境空气与废气的组成

1. 清洁干燥的环境空气

清洁干燥的环境空气有自己固定的组成。在不到 0.1% 的少量气体中,二氧化碳、水蒸气和臭氧等会对环境空气的物理状况起到很大的影响作用:二氧化碳影响气温变化;水蒸气的含量因地理位置和气象条件的不同变化很大,干燥地区和暖湿地区的水蒸气体积变化范围为 0.02%~0.48%;臭氧能够吸收太阳紫外辐射从而保护地面上的生物。

2. 废气

与清洁空气相对应的是废气,这是人类不需要但又很难避免的环境要素之一。废气是指人类在生产和生活过程中排出的有毒有害气体,严重污染环境和影响人体健康。①各类生产企业排放的工业废气是空气污染物的重要来源,因其排放相对固定,又称固定污染源废气。②另一种类型的废气,其排放是流动的,其中以汽车尾气最为典型。汽车尾气中有一百多种化合物,包括一氧化碳、二氧化碳、碳氢化合物、氮氧化合物、铅和硫氧化合物等。飞机和轮船排放的尾气也属于流动污染源废气。

二、空气污染和空气污染物

(一)空气污染及其分类

在人们的日常生产、生活中产生的大量废气排入空气,或自然过程引起某些物质融入空气中,当这些物质的含量超出了环境容许范围,并且在一定时期内继续存在,就会使大气成分发生变化,从而打破生态平衡,对人类产生危害,这就是大气污染。根据影响范围,空气污染可分为四类,如图 3-1 所示。

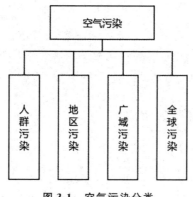

图 3-1　空气污染分类

（二）空气污染物及其分类

引起空气污染的有害物质称为空气污染物。空气污染物的种类有数千种，已经发现有毒害作用且被人们注意和研究的有近百种。

1. 按形成过程分类

按照污染物的形成过程划分，空气污染物可分为一次污染物和二次污染物，如图 3-2 所示。

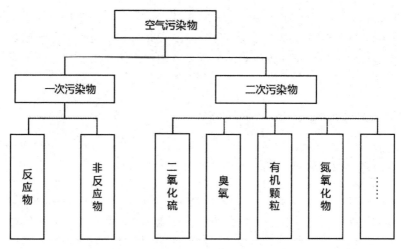

图 3-2　空气污染物按形成过程分类

2. 按存在状态分类

按照污染物的存在状态划分，空气污染物可分为分子状污染物和粒子状污染物。

（1）分子状污染物

分子状污染物是指常温常压下以气体或蒸气形式分散在空气中的污染物质。

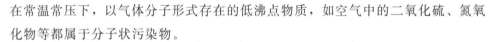

在常温常压下，以气体分子形式存在的低沸点物质，如空气中的二氧化硫、氮氧化物等都属于分子状污染物。

(2)粒子状污染物

粒子状污染物是指分散在空气中的微小液体或固体颗粒，粒径多在 0.01～100μm，属于复杂的非均相体系。①尘或降尘。空气动力学直径大于 10μm 的颗粒物，能较快地沉降到地面上。②空气动力学直径小于 10μm 的颗粒物不易沉降到地面上，通常悬浮在空气中，易随呼吸进入人体肺部，称为可吸入颗粒物，以符号 PM10 表示。由于可吸入颗粒物具有胶体性质，又称气溶胶，它可长期飘浮在空气中，也称飘尘。③细颗粒物。空气动力学直径小于 2.5μm 的颗粒物，用符号 PM2.5 表示。它能较长时间悬浮于空气中，对空气质量和能见度等有重要的影响。④通常说的烟(其粒径在 0.01～1pm)、雾(粒径在 10μm 以下)、灰尘就是以雾霾形式存在的。⑤通常所说的烟雾，是指烟和雾同时构成的固、液混合气溶胶，如硫酸烟雾、光化学烟雾等。

三、空气污染的现状及危害

近几年，大气污染物的排放量不断减少，一些重污染城市的空气质量也在不断改善，到了 2022 年，全国的空气质量将逐步改善，大气细颗粒物的含量将继续下降。全国地级及以上城市细颗粒物(PM2.5)平均浓度为 29ug/m³，首次降低到 30ug/m³ 以内，实现了近 10 年来连续下降。全国 74.6% 的城市 PM2.5 平均浓度达标。我国大气污染以燃煤为主，以颗粒物和 SO₂ 为主。随着机动车数量的增多，我国一些城市大气污染已经从"烟煤"向"烟煤"转化，NOx、CO 等污染物的浓度也在不断升高，一些城市甚至出现了光化学雾霾，我国出现了多处酸雨区域，多地出现了雾霾和沙尘暴。大气污染的危害主要表现在五个方面。①对人类的身体健康造成威胁。人体因吸入、与皮肤接触及食用受大气污染的食品而导致的呼吸系统、肺脏等疾病，严重者可致人死亡。②对生物体的威胁。大气污染会导致植物对病害的抵抗力降低和枯萎，动物也会因为呼吸到大气而生病和死亡。③酸雨的形成。酸雨会使水的质量变差，造成植物的凋零和死亡。④对大气中的臭氧层造成严重的破坏，使大气中的臭氧层出现空洞，给人与动物的生活带来严重的威胁。⑤会影响到世界的气候。煤炭等燃料的燃烧会产生大量的二氧化碳，造成大气中二氧化碳浓度的升高，从而打破二氧化碳的动态平衡，引起气候变暖，并引起热浪、干旱、热带风暴、海平面上升等一系列重大自然灾害。

第二节　无机污染物监测技术

一、紫外可见分光光度法

（一）适用范畴

适用于紫外－可见分光光度法（UV）的无机污染物测定项目见表 3-1。

表 3-1　适用于紫外－可见分光光度法的无机污染物测定项目

无机污染物	采样吸收液	测定介质
NO_x	对氨基苯磺酸、冰乙酸、盐酸萘乙二胺、混合水溶液	盐酸萘乙二胺
氨	$0.01mol \cdot L^{-1}$ 的 H_2SO_4	纳氏试剂、氯酸钠、水杨酸
氰化氢	$0.05mol \cdot L^{-1} NaOH$ 溶液	异烟酸、吡唑啉酮
光化学氧化剂和臭氧	pH5.3～pH5.7 的 $KI-H_3BO_3$ $NaS_2O_3-H_3BO_3-KI$ 溶液	硼酸碘化钾
氟化物	K_2HPO_4 浸渍的滤膜 水或 $0.25mol \cdot L^{-1} HCl$ 溶液	氟试剂、茜素锆
P_2O_5	用过氯乙烯滤膜采集空气中的 P_2O_5 气溶胶，加水与 P_2O_5 作用生成正磷酸	抗坏血酸还原、钼蓝
SO_2	四氯汞钾溶液、甲醛缓冲溶液	盐酸副玫瑰苯胺
硫酸盐氧化速率	二氧化铅 碱片法：K_2CO_3 溶液浸渍的玻璃纤维滤膜	铬酸钡
硫酸雾	过氯乙烯滤膜	二乙胺
H_2S	$Cd(OH)_2$－聚乙烯醇磷酸铵溶液	亚甲蓝
氯	含 KBr、甲基橙的酸性溶液	515nm
氯化氢	$0.05mol \cdot L^{-1} NaOH$ 溶液	硫氰酸汞

（二）基本原理

通过测定被测液对紫外－可见光的吸收来测定物质成分和含量。计算的理论根据是吸收定律，即朗伯－比尔定律

$$A = KCL$$

其中，A——吸光度，量纲为 1；C——溶液浓度，$g \cdot L^{-1}$；L——液层厚度，cm；K——吸光系数，$L \cdot g^{-1} \cdot cm^{-1}$。

只有在合适波长的单色光作为入射光时，吸收规律才能成立。越是纯净的单色光，其吸收规律就越精确；稀释液都遵循吸收规律，如果浓度太高，就会发生偏移；对于不发生交互作用的多组分体系，其吸收系数存在加和效应；比值系数 K 的大小取决于入射光的波长和温度，以及溶剂的性质和吸收物的性质。根据吸收性规律的运用，确定了相应的分析方法。

1. 标准曲线法

配制一系列已知浓度的标准溶液，在一定波长的单色光作用下，测得其吸光度，然后以吸光度为纵坐标，以浓度为横坐标作图，得到一条曲线，这条曲线被称为标准曲线。标准曲线会遵守这个定律，因此从坐标图上划出的是一条直线。对于确定的标准曲线也不是一成不变的，由于测定的条件和环境的不断变化，标准曲线也需要进行相应的调整。

2. 标样推算法

标样推算法十分简便快捷，非常适合对单个无机污染物样品进行快速测定，只需要用一种标准溶液的吸光度就可以测算出在相同条件下的待测无机污染物样品溶液的吸光度。

3. 差示光度法

差示光度法就是用一个已知浓度的标准溶液作参照，与未知浓度的待测溶液进行比较，测量其吸光度。具体有三种操作方法：高含量试样吸光度的高吸光度法；测定痕量物质的低吸光度法；介于高吸光和低吸光之间的极限精密法。

（三）紫外－可见分光光度法测定条件的选择

1. 显色剂的用量

这要通过具体的试验来确定其适宜的用量，应注意空白溶液和吸光度范围的选择。

2. 溶液的酸度

显色反应中的一个重要因素是 pH 值，它能决定反应是否发生，以及反应是否完全。控制适当的溶液酸度，就能测得正确的结果，还会影响电离平衡的移动、显色剂的离解和有色物质的生成。

3. 显色温度

根据不同的显色反应试验调整反应温度，通过实验记录的吸光度温度曲线选择适宜的温度。

4. 显色时间

根据不同的实验选择适宜的显色时间。

5. 溶剂的影响

溶剂影响有色络合物的离解度，还可提高显色反应速度及增加有色络合物的溶解度。

6. 共存离子的影响

测试样中含有的共存离子能够增加吸光度，降低显色剂浓度，因此要尽量消除共存离子的干扰。

（四）设备——紫外－可见分光光度计

用于监测无机污染物的紫外－可见分光光度计，其基本结构主要有以下五部分。

1. 光源

测定中使用的光源要能产生足够稳定强度的光束，光源提供的光波长要能够满足测定分析的需要，这样才有利于污染物光度的检出和测量，才能保证在测量过程中光强度恒定不变。最常见的可见光源是钨丝灯、紫外光源是氢灯及尔灯，它们能够发射出连续光谱，可以满足测定需要。

2. 单色仪

单色仪是指将一系列的光谱仪，按照其长度的次序，将一系列的光谱仪分离成一束单色光，从而得到所需要的一束单色光。

3. 吸收池

吸收池是用于盛装试液和决定透光液层厚度的器件，其规格以光程为标志，最大的光程可达 10cm，最小的光程仅数毫米。

4. 信号转换器

信号转换器是将光信号转变成易测量的电信号设备，广泛使用的光电转换器是光电池、光电管和光电倍增管。

5. 信号显示器

信号显示器是将检测器输出的信号放大并显示的装置。常用的信号显示器有以下几种：直读检流计；电位调节指零型装置，调节放大后的电信号以抵消已知的标准信号，从而测得所要监测的信号数值；自动记录型和数字显示型装置。

二、分光光度和流动注射分析技术

目前，对于一些高灵敏、高选择性的发色反应进行了深入的研究，特别是对光谱分析方法进行了深入的探讨。在日常监测工作中，以光谱法为主。该方法与流动注射技术联用，可以实现蒸馏、萃取、加试剂、定容显色、定量等多种化工过程的集成，是一项很好的实验室自动化分析技术，并已被广泛用于水环境质量的在线自动监测。分光光度法与流动注射法相比，具有取样量少、精密度高、分析速度快、节省试剂等特点，减轻了操作人员繁重的劳动强度。

第三节　有机污染物监测技术

一、气相色谱法

（一）概述

气相色谱法（GC）对于分离有机物具有优越性，这对环境中混合污染物的监测是非常有效的。该方法利用填充剂与气体分子亲和力的不同来分离混合物。亲和力小的成分首先被分离出来。为了便于分离，填充剂的选择和柱子温度的确定是很重要的，一般的填充柱和毛细管柱都可使用，对于多组分混合物的分离，则使用毛细管柱可以更充分地发挥气相色谱法的优越性，升温方式采用程序升温。

（二）案例——测定环境空气与废气中的乙酸丁酯

乙酸丁酯是一种无色、有果香气味的液体，它能与醇、醚等一般有机溶剂混溶，是涂料工业中一种重要的挥发性溶剂。它广泛用于药物、染料、香料等工业中，生产过程中产生的乙酸乙酯废气，能够污染厂区内外环境，对人的眼睛及上呼吸道均有强烈的刺激作用。

1. 实验原理

用活性炭采样管中活性炭吸附，用二硫化碳作溶剂解吸，再使用带有氢火焰离子化检测器(FID)的气相色谱仪测定分析。

2. 仪器和试剂

(1)仪器设备

岛津 GC－2014C 气相色谱仪(带有氢火焰离子化检测器)；氢气发生器；空气发生器；色谱柱(长度 50.0m、内径 0.32mm、膜厚 1.00μm，内填聚二甲基硅氧烷)。

(2)试剂

二硫化碳中乙酸丁酯溶液标准物质：$3.0mg \cdot mL^{-1}$；提纯后的二硫化碳。

(3)耗材

10mL 容量瓶；2mL 进样瓶；单标移液管；10μL 微量进样针；活性炭管。

3. 标准曲线的绘制

(1)系列溶液配制

配制的一系列用于实验的溶液见表 3-2。

表 3-2 溶液配制表

移取标准溶液		容量瓶/mL	配制溶液/μg · mL⁻¹	配制成的标准溶液编号
名称	数量/mL			
乙酸丁酯	2	10	600	5
标准溶液 5	5		300	4
标准溶液 4	5		150	3
标准溶液 4	2		30	2
标准溶液 4	5		15	1

(2)设置仪器操作条件

程序升温条件：以 $5℃ \cdot min^{-1}$ 的速率，在 4min 之内将初始温度从 80℃ 升到 105℃。

进样口的温度为 180℃；仪器设备的温度为 250℃；载入高纯氮为载气；以分流比 10∶1 的比率，进样 1μL。

(3)绘制校准曲线

正确开启仪器、氢气发生器和空气发生器后，点火，稳定 30min 待基线噪声降低，通过操作仪器软件依次测量标准系列溶液，通过外标法建立含量—峰面积的标准曲线，得到一条线性带截距曲线。

4. 检出限的测定

通过仪器软件自动计算该方法噪声为 50dB；当进样量为 $1\mu L$ 时，检出限以两倍基线噪声计算为 $0.13\mu g$；以 3 倍检出限 $0.39\mu g$ 作为最低检出量。此方法检出限可满足我们目前常用的标准 HJ 734—2014 和 GBZ/T 160.63—2007 的要求。

5. 精密度

选取标准曲线范围内高、中、低三个浓度点，重复测试 6 次，计算其相对标准偏差。测得精密度的相对标准偏差在 1.7%～2.6%范围内，重复性较好。

6. 样品的测定

在某厂废气总排口和厂区内室外空地两个位置用橡皮管将刚开封的活性炭管和采样器连接，采集流量为 $0.5L \cdot min^{-1}$，采集 40min，每点共采集 20L 废气样品。采集结束立刻用橡胶帽封住活性炭管两端。每个位置采集两个平行样。将活性炭管中的活性炭全部取出转移至进样瓶中，加入 1.0mL 提纯后的二硫化碳，混匀后静置 0.5h。用微量进样针抽取 $1\mu L$ 直接打入仪器进样口测定其峰面积。

7. 样品的加标回收率

准备 2 根未开封的活性炭采样管，将其中的活性炭全部转移至 2 个 2mL 的进样瓶中。其中一个进样瓶用微量进样针抽取移取 $5\mu L$、$3mg \cdot mL^{-1}$ 的乙酸丁酯标准物质溶液打入活性炭中，立刻封住瓶口，静置 1h。在 2 个进样瓶中分别加入 1.0mL 二硫化碳解吸并不时振摇。30min 后抽取 $1\mu L$ 上述溶液打入气相色谱仪分析。经计算，该法的样品加标回收率为 105%，回收率良好。

8. 实验结果与讨论

因目前国内没有测定环境空气和固定污染源废气中乙酸丁酯的标准方法，故本节参考工作场所标准，验证了一种利用活性炭吸附、二硫化碳溶剂解吸，用气相色谱法定性定量测定乙酸丁酯的方法。实验证明，该方法能得到较好的线性、精密度与回收率。且该方法的检出限能同时满足 HJ 734—2014 和 GBZ/T 160.63—2007 的要求。不仅如此，带氢火焰离子化检测器的气相色谱仪的成本也远低于气质联用设备，操作简单快捷。同时，样品可多次重复测定，不易因仪器或人为等原因造成测量数据的不准确或样品的损坏。乙酸丁酯作为化工企业中一种常用的有机溶剂，在工业废气排口和环境空气中存有一定的量。本节所述方法，经实验证明能满足对环境空气和固定污染源废气中乙酸丁酯的监测要求。

二、色质谱法

(一)概述

气相色谱质谱联用分析法(GC-MS),简称色质谱法,是把气相色谱仪(GC)和质谱仪(MS)结合起来进行分析的方法。这种空气监测技术分析范围很广,对有毒化学药品、毒气、废气等都适用。

这种监测技术用气象色谱仪分离装置作为质谱仪的进样系统,用质谱仪的鉴定器进行定量分析,是一种新的有效的分析方法。特别是计算机的联用,使数据处理和解析更加迅速准确,且自动化。

(二)案例——测定环境空气和废气中的三甲胺

三甲胺(TMA),分子式为 $N(CH_3)_3$,是最简单的叔胺类有机化合物,其有毒且易燃。空气中三甲胺常与其他小分子有机胺(如甲胺、二甲胺等)共存,化学性质比较相似,都具有类似氨的气味,但三甲胺的感知阈值为 $0.0024mg \cdot m^{-3}$,更易被人体感知,为主要的恶臭污染物。

1. 试验部分

(1)仪器与试剂

1)气相色谱-质谱联用仪——GCMS-QP2010 Ultra;吹扫捕集仪——CDS7000E+7450,配 40mL 吹扫瓶;EM-2008A 型多通道恒流气体采样器。

2)三甲胺标准溶液:2 000mg $\cdot$ L^{-1},介质为甲醇。

3)三甲胺标准储备溶液:100mg $\cdot$ L^{-1},移取 1.00mL 三甲胺标准溶液,用甲醇定容至 20.0mL。

4)三甲胺标准溶液系列:分别移取 0.125mL、0.50mL、1.25mL、2.50mL、5.00mL 三甲胺标准储备溶液于 5mL 棕色容量瓶中,用甲醇稀释至刻度,得到 2.5mg $\cdot$ L^{-1}、10mg $\cdot$ L^{-1}、25mg $\cdot$ L^{-1}、50mg $\cdot$ L^{-1}、100mg $\cdot$ L^{-1} 的标准溶液系列。

5)甲醇为农残级;氢氧化钾、盐酸、草酸为分析纯级;试验用水为蒸馏水。

(2)试验方法

1)三甲胺采样管的制备。将粒径为 $0.173 \sim 0.221mm$ 的玻璃微珠浸泡于 10g $\cdot$ L^{-1} 草酸溶液中 1h 后取出,真空干燥 $2 \sim 3h$。依次按玻璃棉、草酸玻璃微珠、玻璃棉的顺序装填采样管,得到三甲胺采样管,用于采集气体样品。

2)气体样品的采集。将所述取样管与所述恒定电流气体采样器相连,并以 $0.5L/min^{-1}$ 的流速收集 10L 的气体样本;在对固定污染源排气进行收集时,按照顺序,将加热采样管(120℃,防止排气中的水气遇冷凝结)、三甲胺采样管、恒流气体采样器,以 $0.5L \cdot min^{-1}$ 的流量收集排气样品 10L。在收集完毕后,将三甲胺取样管的两端用硅橡胶塞子和密封盖封闭起来,以避免对取样管的污染。

3)三甲胺的测定。将三甲胺取样管中的玻璃球移入 40ml 净化瓶,添加 3.0g 氢氧化钾(脱附剂),一个磁性搅拌器,将其放入净化容器中,加 5ml 水,净化三甲胺,按照仪器的操作条件进行分析。

2. 结果与讨论

(1)采样方式的选择

试验分别考察了用 $0.02mol \cdot L^{-1}$ 盐酸溶液作吸收剂采样和用三甲胺采样管采样对三甲胺解吸效果的影响。结果显示,在使用 $0.02mol \cdot L^{-1}$ 盐酸溶液采样时,三甲胺在吸收剂中不易通过吹扫捕获;而在三甲胺采样管中,三甲胺的解吸速率相对稳定,且具有较高的测量灵敏度和良好的可重复性。为此,本实验选用了三甲胺取样管作为试样。

(2)解吸试剂用量的选择

在取样管中,三甲胺会与吸附在玻璃球上的草酸发生反应,形成吸附在玻璃球上的三甲胺盐;同时,在水中,氢氧化钾被电离后产生的 OH^- 与三甲胺盐发生反应,将三甲胺解吸出来。因为三甲胺是水溶性较强的物质,所以在脱附过程中不能添加太多的水,而在脱附过程中,若使用太多的氢氧化钾,则会生成大量的碱蒸汽,这不但会对净化系统管线造成损害,而且会对俘获器的俘获率造成影响;而氢氧化钾用量过少,三甲胺不能完全解吸。因此,试验考察了不同氢氧化钾用量对三甲胺响应值的影响:当加入 3.0g 氢氧化钾时,三甲胺的响应值达到最大。试验选择氢氧化钾的用量为 3.0g。

(3)采样流量的选择

用氮气将 $10mg \cdot L^{-1}$ 三甲胺标准溶液稀释成含有 $0.10\mu g$、$1.50\mu g$、$2.00\mu g$ 三甲胺的 10L 标准气体,然后分别采用 $0.5L \cdot min^{-1}$、$1.0L \cdot min^{-1}$ 流量采集这 3 个不同浓度水平的三甲胺标准气体,对在不同流量的串联之前和之后,取样管中所固定的三甲胺的含量进行了计算,并以串联之后,流出气体中的三甲胺的含量与流出气体中的含量以及取样管中所固定的三甲胺含量的比例为基础，来计算取样穿透率。当采样穿透大于 10% 时，认为其发生了采样穿透。

与串联前比较，串联后流出气体中的三甲胺的质量都有不同程度的降低，但 $0.5L \cdot min^{-1}$ 流量下的下降幅度较大；在采集低浓度水平的三甲胺样品时，两种流量下得到的采样穿透均为 0，表明在上述两种流量采集在较低浓度条件下，都未出现取样穿透现象；当采集中、高浓度水平的样品时，$0.5L \cdot min^{-1}$ 下发生的采样穿透均在 5% 以下，没有发生采样穿透，而 $1.0L \cdot min^{-1}$ 下发生的采样穿透较高，尤其在采集高浓度水平的样品时，采样穿透高达 14.90%，采样穿透程度较大。推测可能是由于三甲胺在较高的流量下，尚未与草酸发生反应就穿透了采样管。因此，试验选择以 $0.5L \cdot min^{-1}$ 流量采集三甲胺样品。

(4)吹扫捕集条件的选择

由于三甲胺的物理化学性质，使其极易被捕捉，从而使脱附变得困难。经试验优化后，采用吹扫捕集技术，再将样品烘干，三甲胺可得到充分的解吸，在捕获器中无三甲胺残留物，且不会对下次分析产生影响。

当脱附剂氢氧化钾在水中溶解时，其所释放出的巨大热能会引起溶液的暴沸，其所生成的水汽不但会对三甲胺的捕获和脱附造成不利影响，而且会对捕集阱和色谱系统造成破坏。为减小此效应，净化温度不应设定过高，经实验优选后，宜设定在 40℃ 左右。实验还研究了吹扫时间对三甲胺反应的影响，当吹扫时间为 11min 时，三甲胺的响应值达到最大。试验选择吹扫时间为 11min。

(5)色谱条件的选择

结果表明，在色谱条件下，三甲胺具有很高的灵敏度，出峰稳定，分离度高，重复性好，且出峰后仪器中没有三甲胺的残留。采用优化的试验条件对 $0.1\mu g \cdot m^{-3}$ 三甲胺标准气体(氮气为底气)进行测定。

(6)标准曲线和仪器检出限

将 $20\mu L$ 三甲胺标准溶液系列(换算为以质量计分别为 $0.05\mu g$、$0.20\mu g$、$0.50\mu g$、$1.00\mu g$、$2.00\mu g$)注入采样管中，按仪器工作条件测定。以三甲胺的质量为横坐标，以其对应的峰面积为纵坐标，绘制出标准曲线，所得标准曲线的线性范围为 $0.05 \sim 2.00\mu g$，线性回归方程为

$$y = 2.030\ 9 \times 10^5 x + 3.992 \times 10^4$$

相关系数为 0.999 8。

以 3 倍信噪比(S/N)计算仪器检出限(3S/N)，所得结果为 $0.01\mu g$；当采样体积为 10L 时，仪器检出限为 $1.0\mu g \cdot m^{-3}$。

（7）方法检出限和测定下限

依据 HJ168—2010，按试验方法对以氮气为底气的加标样品（加标量为估计方法检出限值的 2～5 倍）平行测定 7 次，以 3.143（$t_{6,0.99}$＝3.143）倍测定值的标准偏差（s）计算方法检出限（3.143s），以 4 倍方法检出限计算测定下限。当采样体积为 10L 时，三甲胺的方法检出限和测定下限分别为 1.2μg·m^{-3}、4.8μg·m^{-3}。

（8）精密度和回收试验

以 HJ 168—2010 为基础，用氮气作为基础，对低、中、高等 3 个浓度水平进行加标回收试验，根据试验方法进行测量，在每个浓度水平上对 6 次进行测量，并计算出回收率和测量值的相对标准偏差（RSD）。回收率为 92.0%～112%，相对标准偏差为 9.4%～26%。低加标量（0.1μg）的相对标准偏差较高，主要因为其在线性范围下限附近，受系统误差影响较大。

（9）样品分析

在某污水处理厂的所有设备都在正常运转的情况下，按照测试方法，分别对在不同时间段进行了测试（09：00、12：00、15：00）采集的污水处理厂废气及废气处理塔下风向侧的环境空气进行测定。结果显示：环境空气中三甲胺的质量浓度为 3.2μg·m^{-3}，未超过 GB 14554—1993 规定的厂界无组织排放限值范围（0.05～0.80mg·m^{-3}）；不同时段废气中的三甲胺的排放量分别为 0.008kg·h^{-1}、0.006kg·h^{-1}、0.017kg·h^{-1}，三甲胺排放量符合 GB 14554—1993 的规定（15m 排气筒高度，其排放量限值为 0.54kg·h^{-1}）。

与其他方法相比，本发明具有采集费用低、操作简便、自动化程度高、分析时间短、分析设备费用低、便于维护、可以进行大批量检测、对测试人员的需求小、检测下限低、准确度高、可反复使用等优点。

第四节　颗粒物监测技术

一、滤膜捕集—重量法

滤膜捕集—重量法适用于直径小于 100μm 的总悬浮颗粒物的测定。这种方法的测量原理是：使用具有一定剪切特性的采样器，以恒速抽吸一定量的空气，

71

将空气中粒径低于 $100\mu m$ 的悬浮颗粒物捕获在已恒重的滤膜上，根据采样前后滤膜重量之差及采样体积，计算其质量浓度。此法可用于大、中等流速的总悬浮物取样器，对大气中的总悬浮物进行分析。

$$TSP = \frac{W}{Q_n \cdot t}$$

其中，TSP ——质量浓度，$mg \cdot m^{-3}$；

　　　W ——阻留在滤膜上的颗粒物重量，mg；

　　　Q_n ——标准状态下的采样流量，$m^3 \cdot min^{-1}$；

　　　t ——采样时间，min。

二、压电晶体振荡法

气体样品用微粒切割装置将 $10\mu m$ 以上的颗粒物去除，$10\mu m$ 以下的飘尘飞进了测量气室。在测量气室中，设置了一个由高压放电针、石英谐振器和电极组成的静电采样器，气体样品中的飘尘在高压电晕放电的作用下，被带上了负电荷，然后在带正电的石英谐振器电极的表面进行放电和沉积，然后，飘尘被清除后，气体样品通过参比室内的石英谐振器被排出。因参比石英谐振器没有集尘作用，当没有气样进入仪器时，两谐振器固有振荡频率相同（$f_1 = f_n$），其差值 $\Delta f = f_1 - f_n = 0$，无信号送入电子处理系统，数显屏幕上显示零。当有气样进入仪器时，则测量石英谐振器因集尘而质量增加，使其振荡频率（f_1）降低，两振荡器频率之差（f_1）经信号处理系统转换成飘尘浓度并在数显屏幕上显示。测量石英谐振器集尘越多，振荡频率（f_1）降低也越多，二者具有线性关系，即

$$\Delta f = K \cdot \Delta M$$

其中，K ——由石英晶体特性和温度等因素决定的常数；

　　　ΔM ——测量石英晶体质量增值，即采集的飘尘质量，mg。

设大气中飘尘浓度为 $c/mg \cdot m^{-3}$，采样流量为 $Q/m^3 \cdot min^{-1}$，采样时间为 t/min，故有

$$\Delta M = c \cdot Q \cdot t$$

代入上式得

$$c = \frac{1}{K} \cdot \frac{\Delta f}{Q \cdot t}$$

因实际测量时 Q、t 值均已固定，以 A 表示常数项 $\frac{1}{K \cdot Q \cdot t}$，故可改写为

$$c = A \cdot \Delta f$$

可以看出，在取样之后，两个石英谐振器的频率之差（Δf），从这一点上，可以判断出飘尘的浓度。采用标准飘尘浓度气体样品校正装置，将待测气体样品的飘尘浓度直接显示在显示器上。

为保证测量准确度，应定期清洗石英谐振器，采用程序控制自动清洗的连续自动石英晶体测尘仪。

三、β 射线吸收法

β 射线吸收的原理是：当 β 射线穿过某一物质后，其强度的衰减程度取决于被穿透的物质的性质，而不取决于该物质的物理化学性质。其方法是测量干净过滤带（未经收集灰尘）与灰尘过滤带（已经收集灰尘）对 β 射线的吸收度之差，从而计算出灰尘收集量。由于已知所收集的空气中粉尘量，因此可以知道空气中粉尘的浓度。

通过测量大气中大气颗粒物的粒度分布，探讨大气颗粒物的理化性质、形成机理以及颗粒物尺寸与人类健康之间的关系。有两种方式来描述颗粒大小分布，即颗粒大小的数量分布和颗粒大小的质量浓度分布。前者采用光散射型微粒计数装置进行测量，而后者则采用碰撞捕获原理制作的采样装置对不同粒度的微粒进行分级捕获，然后采用称重方法进行测量。β 射线吸收法所采用的设备较简单，其所用采样器常被称为多级喷射撞击式或安德森采样器。

四、激光光散射技术

激光光散射技术是一种针对多组分颗粒物的监测技术，可对空气中的PM10、PM2.5 和 PM1 等不同粒径的颗粒物浓度进行同步实时监测。该技术成本低、体积小，比目前市场上常用的群散射激光粉尘仪粒径分割、监测精度更高，比传统的射线法颗粒物监测仪更能实时反映颗粒物浓度瞬间变化。

该方法的基本原理是，利用激光对待测区内的微粒进行四面八方的散射，然后由检测装置对其进行检测，并将其转化成电信号，通过对微粒的电压进行检测，从而确定颗粒物粒径的大小。该系统接收到的正向散射光信号的强弱和偏转角与被其辐射的颗粒物粒径密切相关。受照射的颗粒粒子在待测区内以一种近乎连续的方式被收集，使每个颗粒物的前向散射也几乎被逐一采集并进行光电转换，根据光散射原理，通过朗伯—比尔定律反演得到颗粒物浓度。

五、固定污染源废气中颗粒物监测技术

（一）监测技术要点

1. 采样位置

应该优先选择在垂直管段中进行采样，要避开烟道弯头或断面急剧变化的部位，采样位置应该设置在距弯头、阀门、变径管下游方向不少于 6 倍直径，和距上述部件上游方向不少于 3 倍直径处。对于矩形烟道，同时要考虑现场监测的安全性、可接近性、可操作性，既要保证样品具有足够的代表性，又要保证人员的安全以及操作的方便。

2. 采样点位置和数目

要严格按照标准要求，根据采样断面的形状和尺寸，合理布设采样点位置和数目。采样点的数目应不小于标准规定的相应尺寸对应测点最小数量，以保证所采样品具有较好的代表性和均匀性。

3. 采样时间

依据 GB 5468—1991、GB/T1 6157—1996 进行颗粒物样品的测定时，应保证每个测点的采样时间不少于 3min，且各点采样时间应相等。依据 HJ 836—2017 进行颗粒物的测定时，除满足上述要求外，还必须保证每个样品的增重不少于 1m 或采样体积不小于 $1m^3$，由于采样现场基本保证不了增重要求，实际监测过程中一般是保证采样体积不小于 $1m^3$。

4. 样品数量

GB 5468—1991、GB/T 16157—1996 均明确要求采集 3 个样品。HJ 836—2017 虽未明确要求采集 3 个样品，但该标准要求采样步骤参见 GB/T 16157—1996 中采样步骤的要求，现场采样时的质量保证措施应符合 HJ/T397—2007 中现场采样保证措施的要求。生态环境部"部长信箱"来信选登于 2019 年 3 月 21 日刊登"关于 HJ 836 低浓度颗粒物采几个样品问题的回复"中回复"HJ 836 属于监测方法标准，规范的是固定污染源废气中低浓度颗粒物的测定方法。实际监测工作中，样品的采集数量、频次等还应符合相应的监测技术规范或有关排放标准的要求"。所以依据 HJ 836—2017 进行颗粒物的测定时，仍然要采集 3 个样品。

5. 排气中水分含量的测定

由于上述三个方法标准所指体积和浓度均为标准状态下干废气体积和浓度，

因此在固定污染源废气中颗粒物测定时需进行排气中水分含量的测定。GB 5468—1991 中湿度的测定可采用干湿球法或冷凝法进行测定;GB/T 16157—1996 中水分含量的测定可采用冷凝法、干湿球法、重量法进行测定;而 HJ 836—2017 中水分含量的测定可采用冷凝法、重量法、仪器法进行测定。

冷凝法、重量法由于操作复杂,在实际监测工作中,依据 GB 5468—1991、GB/T 16157—1996 测定时一般可选择干湿球法进行测定;依据 HJ 836—2017 测定时建议选择仪器法进行测量,该方法相对干湿球法而言,测定结果准确。

6. 样品称量

依据 GB 5468—1991、GB/T 16157—1996 测定时,除按标准要求将样品经烘烤后取出放入干燥器中,冷却至室温,用天平称量至恒重外,还应满足 HJ 397—2007 的要求,即"在恒温恒湿的天平室冷却至室温"。所以,在天平室应配置恒温恒湿装置以保证在样品在采样前后的温湿度条件一致,方可保证称量数据是准确的。

依据 HJ 836—2017 测定时,取样前、后的试样都要放在恒温恒湿的装置中,用天平来称量,在取样前后的平衡和称量过程中,要确保周围的温度和湿度都是一样的,建议设置温度为 20℃,湿度为 50%。

(二)颗粒物监测主要环节的质控技术

1. 天平的质量控制

应定期使用一次性、沾有防静电溶液的湿巾清洗天平表层,在每次称量前,清洗用于处理标准砝码和样品的防静电镊子,并确保干燥后使用。称量前应检查天平的基准水平,并根据需要进行调节。为确保称量稳定,应尽量保证天平处于长期通电状态,并在称量前 1h 开机。采样前、后样品称量时,必须使用标准砝码校准天平,校准砝码质量应与样品质量相当。作为质量标准使用的校准砝码表面应无锈蚀。

2. 样品称量的质量控制

在称重之前,必须对取样的试样进行检验,看有无损坏,有无其他不正常现象,如有不正常现象,视为无效。在取样前后的平衡和称重过程中,必须确保周围的温度和湿度保持一致。用抗静电镊固定试样,以防止静电干扰称重。称重过程中,必须戴上防静电、无粉的一次性手套。取样前后均应采用相同的称重秤,以防止称重前称重后称重时因人不同而产生的误差。

3. 采样时的质量控制

装好样品后应进行气密性检查。采样时,保证采样嘴与烟气流向之间的偏差不超过 10°,确保等速采样。在取样时,取样口的吸入速率和取样点的空气速率必须在一定程度上保持一致,其相对误差不超过 10%。在进样管进出烟道过程中,应注意防止进样管撞击到烟道或进样口,造成皮管和进样头的损坏。干燥器中的硅胶要经常检查,当有 2/3 发红时,必须更换;在冷却器和取样管(含软管)中,应将冷却水及时排出,以降低系统取样阻力。按照 HJ 836—2017 的检测方法,每一组检测都要进行一次全序列的空白试样的收集,收集时要将试样管道和采样机的联接切断,将试样管道的端部封闭起来,以避免空气(烟道中的负压)和废气(烟道中的正压)进入到取样系统中。在试样传送和运送时,可避免采样嘴朝下,造成试样重量增加和丢失。

颗粒物是废气的主要减排指标之一,全国各地已在燃煤电厂、水泥、钢铁、焦化、陶瓷等重点行业实施超低排放改造,颗粒物的准确测定尤为重要。现场监测人员根据监测需求,选择合适的监测方法,为生态环境保护工作提供精准的数据,从而推动提升我国生态环境质量,提升人民生活幸福指数。

第五节 降水监测技术

一、降水监测项目及技术分类

在空气和废气监测中,降水监测也是一项重要的任务,要首先对降水采样点进行布设,采集包括雨水、雪水等不同的降水样品,科学、合理地保存降水样品,保证水样不受污染。

根据降水监测的不同目的确定每次监测的项目、测定的内容和测定的方法,具体见表 3-3。

表 3-3 降水组分的测定

测定项目	测定内容	测定方法
pH 值	酸雨	pH 玻璃电极法
电导率	雨水	电导率、电导率仪

续表

测定项目	测定内容	测定方法
硫酸根	气溶胶、颗粒物中可溶性硫酸盐、气态硫酸雾	铬酸钡、二苯碳酰二肼分光光度法、硫酸领比浊法、离子色谱法
硝酸根	降水	镉柱还原、偶氮染料分光光度法、紫外分光光度法、离子色谱法
氯离子	降水	硫氰酸汞、高铁分光光度法、离子色谱法
铵离子	降水	钠氏试剂分光光度法、次氯酸钠－水杨酸分光光度法
钾、钠、钙、镁等离子	降水	原子吸收分光光度法、络合滴定法

二、称重式降水监测系统

（一）系统功能需求分析

称重式降水监测系统是一种适用于对固体、液体和混合态降水总量和降水强度进行测量的全自动、全天候降水观测系统，符合下列技术要求。①该传感器采用单点压力测量的思想，可将脉冲信号输出到已有的气象仪器中，并可将其作为智能传感器连接到其他的数据采集装置中，也可独立成观测装置运行。②观测站将每一种元素的取样资料，经过特定的演算，得到逐分钟的各气象要素的数据，并能储存至少1个月的逐分钟观测数据。③该系统可以在有线和无线两种情况下，从中央站的软件中获得每分钟一次的气象要素资料，对于没有按时上载的资料，还可以进行补充。中心站软件可设置各台站的资料，并可进行资料查询、显示等功能。④设备可靠性。该系统通常需在现场单独安装，并具有较强的稳定性和适应性。⑤系统技术设计指标要满足《地面气象观测规范》的要求，称重式降水监测系统最大测量误差：当雨量≤10mm时，为±0.3mm；当雨量＞10mm时，为±3mm。⑥测量稳定性：年漂移≤0.2mm。⑦系统可靠性。根据功能规格需求书的要求，系统的平均故障间隔时间（MTBF）应大于5 000h。

（二）总体方案设计

称重型降水监测系统主要包括两部分：称重型降水传感器和中心站的软件。

通过 GPRS 通信，实现了对雨量资料的实时获取，并将资料通过 GPRS 通信传输给中央站。中心站软件负责数据的质量管理，并根据标准产生各种类型的存档文件以及上传的数据文件。

1. 传感器设计

(1)供电系统

称重式降水传感器的供电由太阳能供电系统提供，太阳能供电系统的输出电压是直流 12V。太阳能供电系统由太阳能电池板、太阳能控制器和蓄电池组成，如图 3-3 所示。

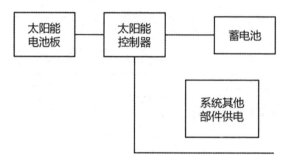

图 3-3　太阳能供电系统

预估称重式降水传感器包含 GPRS 通信模块总功耗为 2.4W（平均工作电流为 200mA，工作电压为直流 12V），则计算胶体蓄电池容量＝平均工作电流×无日照工作小时/余量系数。

为了防止蓄电池过放和过充，一般情况下，蓄电池的放电余量为 20％，充电控制在 90％左右，所以，余量系数一般取 70％，也就是蓄电池的容量为

$$0.2A×(24h×7)/0.7=48Ah$$

太阳能电池板将太阳的辐射能量转化成电能，供应给称重式降水传感器，并将部分电能输送给蓄电池，供传感器在无日照时工作。

太阳能电池板功率＝系统平均功耗×工作时间/损耗系数/平均日照时间，其中损耗系数取 0.9，平均日照时间取 4 小时，得到：

$$太阳能电池板功率=0.2×12×24/0.9/4=16W$$

太阳能控制器有蓄电池的过充和过放保护，可以按照电池的特点进行恒流或者微流充电，应该按照运行方式和运行电流来选择市场上比较成熟的产品。

在没有阳光照射的情况下，电池的容量要能保证传感器连续工作七天。蓄电池一般有两种形态，一种是铅酸型，另一种是胶态型。从价格上看，铅酸电池是比较便宜的，从温度上看，胶体电池可以在零下 30℃以下工作。与翻斗式降水

监测系统相比，称重式降水监测系统的一个优点是可以对固体雨滴进行测量，所以，其主要应用于我国北方地区，胶体电池是首选。

（2）传感器组成

称重式降水传感器是一种能够在较短时间内对降水量进行快速反应的测量仪。此传感器分为两个部分：硬件部分和软件部分。它的硬件可以分为三部分，即称重单元，信号处理单元，以及外部设备。它不仅能够输出切换信号，在已有的自动气象站中用于模拟或替代翻斗式雨量传感器，而且能够把收集到的数据直接上传到专门的中央站软件中。

（3）硬件电路设计

①硬件电路结构。硬件电路基于 STM32F 411 平台实现数据采集、数据处理、通信监测、状态控制、数据输出等功能。

②信号放大及 AD 检测电路。要选用电源电压范围宽、高增益、对误差要求很高的信号放大电路，要能够应用于低电平信号检测。

③温度检测电路。在实际应用中，应变元件的温度必须被探测出来，以此为依据来校正质量测量结果。温度检测使用的是 NTC 热敏电阻，即负温度系数热敏电阻，它的阻值会随着温度的变化而变化，具有灵敏度高、体积小、电阻值大等优点。

④主控制器。因为该传感器是在野外使用的，而且是以太阳为能源，所以对主机的成本、功耗和性能都有很高的要求。

⑤电动阀控制电路。从免维修的角度来看，本机还设计有电控阀门的自动放水功能。在测量到重量超出阀值时，自动开启电控阀门放水。

⑥系统电源设计。

（4）软件设计

在此基础上，提出了一种基于多任务的实时性、高性能价格比、高稳定性、高可靠性等要求。系统的主要功能有：①数据的采集、处理、存储、传输等；②实现采集器的远程复位，参数的设定与修改，数据的监视与下载；③保存参数、配置、数据、日志和其他文件。

该系统采用了应用层、硬件操作层和设备驱动层三个层次的设计方案，并将系统所要完成的任务分解为每一层。根据功能要求，应用层可划分为 6 个功能模块：系统管理模块、数据采集模块、数据处理模块、数据存储模块、通信模块、配置管理模块。

2. 中心站设计

中心站由 GPRS 通信系统和中心站上位机两部分组成。

GPRS 通信系统数据端由单片机控制；系统设计中的网络协议为四个层面，即物理层、数据链路层、网络层和传输层；GPRS 通信模块，对环境恶劣的各种场合监控都具有优越性能。

中央站主机主要由三部分组成，即通信桥接器，消息中间件，处理核心模块。其中，以核心处理模块为中枢，构成了整个系统的核心。它主要完成了对数据请求的生成和传输，并满足了用户对数据的实际要求，达到了信息资源的共享。由于它在数据收集方面具有很大的作用，因此，一个多元化的数据收集能够在同一时间产生大量的信息。通信桥具有高可靠、抗破坏等特点，因此通信桥可以实现软硬件与核心处理模块之间的互联，为系统之间的数据交换提供了便利。在接收到来自不同地区的核心处理单元的数据请求之后，通信桥能够快速、准确地将数据传输给每一个端口，然后通过进一步的信息反馈，将数据传输到各个地区的核心处理单元。目前的通信方式有很多特点，所以需要仔细筛选通信桥。核心处理模块与通信桥接器之间的数据交换仍需借助消息中间件方可实现，而无法直接对接。

（1）软件架构

该系统的体系结构主要包括两个方面：数据的采集与应用。数据采集部分的可维护的共享信息，通过分析，还可以输出整个软件中的各种可共享的数据，目前，广泛收集到的数据有观测、设备状态、动态监控以及各地台站资料等。对采集到的各类数据，通常可在数据应用区域中展示，或进行二次利用。

（2）数据采集

数据采集的整个流程包括：数据采集，数据处理，数据文件的生成。首先，对采集数据进行收集，并在此基础上，实现批量回收，并对回收期间的超时管理；其次，对传回的数据进行处理并验证其有效性，同时将返回数据合成为观测数据，形成观测数据的成品；最后，基于最终结果，对数据的到报率（有效率）进行统计，对数据的缺失检验和质量控制，对元素数据的极端值进行统计，并对数据文件进行局部备份。

（3）大数据分析

利用中央站的上位机功能，可以得到某一地区的总降水量资料。从空间上看，降水量的自然分布是连续的、均匀的。通过对比和分析，可以判断出某一称重式降水传感器的降雨数据，以及附近相邻的传感器的降雨数据，来判断该传感器是否正常。基于大数据的降水量横向和空间一致性分析，为降水量质量控制、异常监测等提供了一种行之有效的手段。

（4）系统监控

监测以发现问题为目标，数据收集单元以产生监测信息为目标，而数据应用单元以显示监测信息为目标。为了避免出现故障，需要对通信、链接、资料抵达率、设备操作的环境、软件运行等进行监测。其具体实现方法包括：声音、光电报警、短信提醒、地理信息系统（GIS）显示等。

（5）基于地理信息系统的应用开发

随着 GIS 技术的发展，人们对信息产品的获取、显示等方面有了更多的需求。其中，数据应用模块主要是实现数据产品的产生，该模块能够根据预先制订的产生方案，按时产生数据产品。

（三）系统测试与集成

1. 温度校准

因应变单元的温度特性具有很大的离散性，可以分别对其进行校正，获得其温度补偿曲线。将称重单元置于高低温箱内，调节高低温箱的温度从 $-40\sim50℃$，用一只 Pt100 铂电阻作为标准温度，记录 NTC 传感器温度和传感器质量。将测量得到的温度与质量之间的相关关系，用拟合系数对校正后的质量进行对比，得到了校正后的质量。结果表明，试验结果是平稳的，波动很小。

2. 传感器精度测试

参照《自动气象站翻斗式雨量传感器检定规程》[JJG(气象)005—2015]对称重式降水传感器进行精度测试，使用标准加液器，选择 10mm 雨量、1mm/min 雨强和 30mm 雨量、4mm/min 雨强两个检定点进行测量误差检定，得出测试结果。

3. 上位机测试

上位机的基础功能是数据的采集与显示，采用多套称重式降水传感器连接的方式对其进行了试验，试验结果应符合规范要求；此外，对上位机的运行状态进行监测。当多个称重式降水传感器接入到中央站上位机时，用户会注意到这些传感器是否联机，通信是否正常，所以，中心站上位机应该具备运行状态监测功能。采用模拟软件对中央站上位机上的台站进行配置，并对软件的在线监测功能进行测试；在使用多个传感器的情况下，使用者希望能够在中央站上位机上直观地展示各传感器的安装位置，而在上位机上对各传感器的经纬度进行重新设置时，所显示的站点位置也会随之改变，并对以地理信息为基础的应用功能进行测试。

4. 系统集成测试

（1）通信测试

要对该系统的通信功能进行验证，需要设置多个监测点，其中大部分监测都是在野外进行的。实际运行过程中，数据到报率很高，远离基站、信号差的站点可能数据到报不及时，其他台站的分钟雨量到报率均为100％。

（2）人工称重对比测试

将3套称重式降水传感器运行于室外，同时用1只雨量筒进行真实降水收集，随后将雨量筒内的水导出进行人工称重，记录两次降水过程的数据。

第四章

固体废物监测技术

随着社会生产力的不断发展和人民生活水平的不断提高，固体废物对环境的影响越来越大。同时，生活垃圾的组成也越来越复杂，排放也在不断增加。为此，加强对固体垃圾的监控与管理，已成为当前环保工作的重点。

第一节 固体废物监测概况

一、固体废物的来源和组成

固体废物是指在生产、生活和其他活动中产生的丧失原有利用价值或者虽未丧失利用价值但被抛弃或者放弃的固态、半固态和置于容器中的气态的物品、物质以及法律、行政法规规定纳入固体废物管理的物品、物质。为贯彻《中华人民共和国环境保护法》《中华人民共和国固体废物污染环境防治法》，加强对固体废物的管理，保护环境，保障人体健康，原环境保护部组织制定并颁布了《固体废物鉴别标准通则》(GB 34330—2017)，自 2017 年 10 月 1 日起实施。

固体废物的分类有多种，根据它们的化学特性，可以将它们划分为有机废物和无机废物；根据它们的危险程度，可以划分为有害废物和一般废物；根据其形态可分为固体(颗粒状、粉状、块状)废物和泥状(污泥)的废物。一般情况下，为方便管理，根据它们的来源，可以将它们分成矿业固体废物、工业固体废物、城市垃圾、农业废物和放射性固体废物，将它们分别简称为矿业废物、工业废物、垃圾、农业废物和放射性废物。

在所有的固体废弃物中，危险的工业废弃物和生活废弃物是最重要的两类。

工业危险固体废弃物不仅具有易燃性、腐蚀性、放射性、浸出毒性、急性毒性(包括口服毒性、吸入毒性、皮肤吸收毒性)，而且具有其他毒性(包括生物蓄积性、刺激性、过敏性、遗传变异、水生生物毒性、传染性)。所以，危险固体废弃物的监控和管理就成了一个重要的环境问题。

城市垃圾指的是人们在日常生活中所丢弃的固体废物，其类型包括：生活垃圾、零散垃圾、医疗垃圾、市场垃圾、建筑垃圾以及街道上的扫集物。在这些废物中，医疗废物与建筑废物分别处置，其他废物则由环境卫生部门统一处置。一般可采用焚烧、卫生填埋及堆肥等方式来处理。固体废物的分类、来源及主要组成见表 4-1。

表 4-1　固体废物的分类、来源和主要组成物

分类	来源	主要组成物
矿业废物	矿山、选冶	废矿石、尾矿、金属、废木砖瓦、石灰等
工业废物	冶金、交通、机械金属结构等工业	金属、矿渣、砂石、模型、陶瓷、边角料、涂料、管道绝热材料、黏结剂、废木、塑料、橡胶、烟尘等
	煤炭	煤矸石、木料、金属
	食品加工	肉类、谷类、果类、蔬菜、烟草
	橡胶、皮革、塑料等工业	橡胶、皮革、塑料布、纤维、染料、金属等
	造纸、木材、印刷等工业	刨花、锯末、碎木、化学药剂、金属填料、塑料、木质素
	石油化工	化学药剂、金属、塑料、橡胶、陶瓷、沥青、油毡、石棉、涂料
	电器、仪器仪表等工业	金属、玻璃、木材、橡胶、塑料、化学药剂、研磨料、陶瓷、绝缘材料
	纺织服装业	布头、纤维、橡胶、塑料、金属
	建筑材料	金属、水泥、黏土、陶瓷、石膏、石棉、砂石、纸、纤维
	电力工业	炉渣、粉煤灰、烟尘
城市垃圾	居民生活	食物垃圾、纸屑、布料、木料、金属、玻璃、塑料陶瓷、燃料灰渣、碎砖瓦、废器具、粪便、杂品
	商业机关	管道等碎物体，沥青及其他建筑材料，废汽车，废电器，废器具，含有易燃、易爆、腐蚀性、放射性的废物以及居民生活所排放的各种废物
	市政维护、管理部门	碎砖瓦、树叶、死禽畜、金属、锅炉灰渣、污泥、脏土
农业废弃物	农林	稻草、秸秆、蔬菜、水果、果树枝条、糠秕、落叶、废塑料、人畜粪便、禽粪、农药
	水产	腐烂鱼、虾、贝壳、水产加工污水、污泥
放射性废物	核工业、核电站、放射性医疗、科研单位	金属、含放射性废渣、粉尘、污泥、器具、劳保用品、建筑材料

二、危险废物的定义和鉴别

关于危险废物的定义，不同的国家和组织各有不同的表述，联合国环境署（UNEP）把危险废物定义为："危险废物是指除放射性以外的那些废物（固体、污泥、液体和利用容器的气体），由于它的化学反应性、毒性、易爆性、腐蚀性和其他特性引起或可能引起对人体健康或环境的危害。不管它是单独的或与其他废物混在一起，不管是产生的或是被处置的或正在运输中的，在法律上都称危险废物。"而世界卫生组织（WHO）的定义是："危险废物是一种具有物理、化学或生物特性的废物，需要特殊的管理与处置过程，以免引起健康危害或产生其他有害环境的作用。"美国在其《资源保护和回收法》中将危险废物定义为："危险废物是固体废物，由于不适当的处理、贮存、运输、处置或其他管理方面，它能引起或明显地影响各种疾病和死亡，或对人体健康或环境造成显著的威胁。"日本《废物处理法》将"具有爆炸性、毒性或感染性及可能产生对人体健康或环境的危害的物质"定义为"特别管理废物"，相当于通称的"危险废物"。我国在《中华人民共和国固体废物污染环境防治法》中将危险废物规定为："列入国家危险废物名录或者根据国家规定的危险废物鉴别标准和鉴别方法认定的具有危险特性的废物。"新的《国家危险废物名录》已于 2016 年 8 月 1 日起正式施行。

国家危险废物鉴定标准对固体垃圾的危害特征及技术要求作了详细的阐述。当固体垃圾的危害性质、技术指标符合规定时，即为危险垃圾，应依照危险垃圾法对其进行管理。

其危害性质一般包括：易燃性、腐蚀性、反应性、传染性、放射性、浸出性、急性毒性等。任何具备一项或多项危害特性的，都可以被称作危险废弃物。具体危险废物鉴定可参照《危险废物鉴别标准通则》（GB 5085.7—2007）。

中国关于工业废弃物危害特征的界定与分类如下。①急性毒性：引起试验鼠在 48h 内死亡半数以上者，或 LD50 小于规定值的毒性。可通过半致死量（LD50，Lethal dose50％）试验评价毒性大小。②易燃性：闪点低于定值（60℃）易起火的液体和固体，即易燃废物。③腐蚀性：废物浸出液 pH 值小于或等于 2，或 pH 值大于或等于 12.5 者。对生物组织或物体有腐蚀性（强酸强碱类废物）。④反应性：具有不稳定的化学成分，很容易产生强烈的化学反应。例如，会导致爆炸或释放毒气的废料。⑤放射性：天然或人工放射性同位素量（含 α、β、γ 射线）超过最大允许浓度者。⑥浸出毒性：浸出液中任何一种污染成分的浓度超过标准值要求者。按表 4-2 列出的浸出毒性鉴别标准值判断。

表 4-2　浸出毒性鉴别标准值

序号	危害成分项目	浸出液中危害成分浓度限值/mg·L
1	铜（以总铜计）	100
2	锌（以总锌计）	100
3	镉（以总镉计）	1
4	铅（以总铅计）	5
5	总铬	15
6	铬（六价）	5
7	烷基汞	不得检出
8	汞（以总汞计）	0.1
9	铍（以总铍计）	0.02
10	钡（以总钡计）	100
11	镍（以总镍计）	5
12	总银	5
13	砷（以总砷计）	5
14	硒（以总硒计）	1
15	无机氟化物（不包括氟化钙）	11
16	氰化物（以 CN 计）	5

第二节　固体废物样品的采集和制备

生活垃圾的监测工作主要涉及以下几个方面：取样方案的设计与实施，取样方法的确定，取样质量的保证。为了使所收集的样品具有代表性，必须在收集前，对其生产工艺过程、废物类型、排放数量、堆积历史、危害程度、综合利用等进行调查研究。对收集到的有害垃圾，应根据其危害特征，采取适当的防护措施。

一、样品的采集

（一）采样工具

固体垃圾取样工具有：尖头铁锹，尖头铁镐，取样铲，有盖的取样桶或有衬垫的取样袋。

（二）采样程序

根据固体废物批量大小确定应采的份样（由一批废物中的一个点或一个部位，按规定量取出的样品）个数。

根据固体废物的最大粒度（95％以上能通过的最小筛孔尺寸）确定份样量。

根据采样方法，随机采集份样，组成总样图 4-1，并认真填写采样记录表。

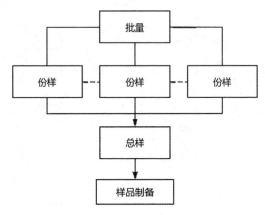

图 4-1　采样示意图

（三）样份个数

固体废物的样份个数可以按表 4-2 进行采样。

表 4-3　批量大小与最少份样个数

批量大小（单位：液体 1kL、固体 1t）	最少份样个数
＜5	5
5～50	10
50～100	15
100～500	20
500～1 000	25
1 000～5 000	30
＞5 000	35

(四)份样量

表 4-4 为每个样份应采集的最小质量。采集的每一种样品的体积大小都应该是相同的，其相对误差不得超过 20%。表中所需取样铲的能力是为了确保一次从一个位置或一个位置获得足够的样品。液体废料的样本容量应大于 100mL 取样瓶(或取样器)的容量。

表 4-4 样份量和采样铲容量

最大粒度/mm	最小样份质量/kg	采样铲容量/mL
≥150	30	
100~150	15	16 000
50~100	5	7 000
40~50	3	1 700
20~40	2	800
10~20	1	300
<10	0.5	125

样份量可根据切乔特经验公式(又称缩分公式)计算

$$Q = Kd^a$$

式中，Q ——应采样的最小样品量，kg；

d ——固体废物最大颗粒直径，mm；

K ——缩分系数；

a ——经验常数。

K、a 都是经验常数，与固体废物的种类、均匀程度和易破碎程度有关。一般矿石的 K 值介于 0.05~1 之间，固体废物越不均匀，K 值就越大。a 的数值介于 1.5~2.7，一般由实验确定。

(五)采样方法

1. 现场采样

在生产现场取样时，要先确定试样的批次，再根据下式计算取样时间，进行流动间隔采样。

$$采样间隔 \leqslant \frac{批量(t)}{规定的份样数}$$

注意事项：采集首批样品时，不准在第一间隔的起点开始，可在第一间隔内任意确定。

2. 运输车及容器采样

对于一批次的固体废弃物，如果货车的数量不超过对这批次废弃物所要求的样本数量，则每个货车所要求的样本数量将根据下列公式计算。当车数多于规定的份样数时，则根据表格 4-3 选择最少的样本数量，并从选定的车辆中随机抽取 1 个样本。

$$\frac{每车应采份样数}{(小数应进为整数)} = \frac{规定份样数}{车数}$$

在一辆汽车里，取样点应该沿汽车的斜角均匀地排列（图 4-2），端点距车角应大于 0.5m，表层去掉 30cm。

图 4-2　车厢中的采样布点

对于一批若干容器盛放的废物，按表 4-5 选取最少容器数，并且每个容器中均随机采两个样品。

表 4-5　所需最少的采样车数表

车数（容器）	所需最少采样车数
<10	5
10～25	10
25～50	20
50～100	30
>100	50

注意事项：当把一个容器作为一个批量时，就按表 4-3 中规定的最少样份数的 1/2 确定；当把 2～10 个容器作为一个批量时，就按下式确定最少容器数。

$$最少容器数 = \frac{表 4-3 中规定的最少份样数}{容器数}$$

3. 废渣堆采样

在渣堆两侧距堆底 0.5m 处画第一条横线，然后每隔 0.5m 画一条横线；再每隔 2m 画一条横线的垂线，其交点作为采样点。按表 4-3 确定的份样数，确定采样点数，在每点上从 0.5～1.0m 深处各随机采样一份(图 4-3)。

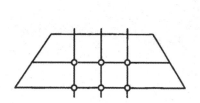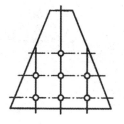

图 4-3　废渣堆中采样点的分布

二、样品的制备

(一)制样工具

样品前处理设备有粉碎机(破碎机)、药碾、钢锤、标准套筛、十字分样板、机械缩分器。

(二)制样要求

(1)在样品的制备过程中，要注意避免样品的化学性质发生改变或受到污染。如果在制样过程中会对试样的性能造成很大的影响，那么就应该尽可能地保留原始的状态。

(2)湿样品应在室温下自然干燥，使其达到适于破碎、筛分、缩分的程度。

(3)制备的样品应过筛后(筛孔为 5mm)装瓶备用。

(三)制样程序

(1)室温下自然干燥，避免阳光直射。

(2)将所有的试样以机器或手工的方式，一步一步地粉碎，并经过 5mm 的筛孔。在粉碎时，不易破碎的粗颗粒不能随便丢弃。

(3)全部通过 5mm 筛孔，不可随意丢弃难于破碎的粗粒。

(4)把试样放在一个干净、平坦、不吸收水分的平板上堆成圆锥形，由锥体顶部向下倒料时，应保证沿锥体顶部均匀分布，且不能使锥体中心偏移。重复至少三周，让它们完全融合。然后，将圆锥体的顶端轻轻地压平，将材料铺展开来，然后用十字盘从上到下分成四个等份，然后在斜面上取两个等份，重复多次，直到至少 1 千克的样品。在每一种危害特征的识别测试之前，可以按照所需的样本数量，对其进行进一步的浓缩。样品的制备过程如图 4-4 所示。

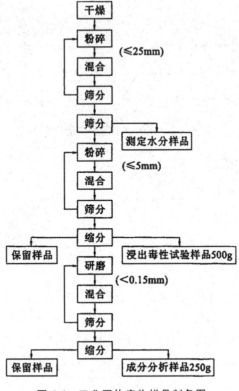

图 4-4 工业固体废物样品制备图

三、样品水分的测定

称取样品 20g 左右，测定无机物时可在 105℃下干燥，恒重至±0.1g，测定水分含量。

测定样品中的有机物时应于 60℃下干燥 24h，确定水分含量。固体废物测定结果以干样品计算，当污染物含量小于 0.1％时以 mg/kg 表示，含量大于 0.1％时则以百分含量表示，并说明是水溶性或总量。

$$水分含量 = \frac{m_{容器+湿样} - m_{容器}}{m_{容器+干样} - m_{容器}} \times 100\%$$

四、样品的运输和保存

试样运输时，不要将试样容器倒置和倒放。

制备好的试样放入容器内(不能吸附试样，以免破坏试样)，并贴上标签，以备不时之需。标签上要写上编码、垃圾名称、采样位置、批次、采样人、制样人、采样时间。对一些特殊样品，可采取冷冻、膨胀等方法保存。

制备好的样品，一般有效保存期为三个月，易变质的试样不受此限制。

最后，填好采样记录表（表4-6）一式三份，分别存于有关部门。

表4-6 采样记录表

样品登记号		样品名称	
采样地点		采样数量	
采样时间		废物所属单位名称	
样品现场简述			
废物产生过程简述			
样品可能含有的主要有害成分			
样品保存方式及注意事项			
样品采集人及接收人			
备注负责人签字			

第三节 固体废物有害特性监测

一、急性毒性

有害垃圾的组成成分比较复杂，其组成分析比较困难。急性毒性的初筛试验能够简单地对其进行识别和表达，急性毒性是指一次投给实验动物的毒性物质，半致死量（LD_{50}）小于规定值的毒性。方法如下：①以体重 18～24g 的小白鼠（或 200～300g 大白鼠）作为实验动物，若是外购鼠，必须在本单位饲养条件下饲养 7～10 天，仍活泼健康者方可使用。实验前 8～12h 和观察期间禁食。②称取准备好的样品 100g，置于 500mL 带磨口玻璃塞的三角瓶中，加入 100mL（pH 值为 5.8～6.3）水（固液比为 1∶1），振摇 3min 于温室下静止浸泡 24h，用中速定量滤纸过滤，滤液留待灌胃用。③灌胃采用 1（或 5）mL 注射器，注射针采用 9（或 12）号，去针头，磨光，弯曲成新月形。对 10 只小白鼠（或大白鼠）进行一次性灌胃，经口一次灌胃，灌胃量为小白鼠不超过 0.4mL/20g（体重），大白鼠不超过

1.0mL/100g(体重)。④对灌胃后的小白鼠(或大白鼠)进行中毒症状的观察,记录48h内实验动物的死亡数目。根据实验结果,如出现半数以上的小白鼠(或大白鼠)死亡,则可判定该废物是具有急性毒性的危险废物。

二、易燃性

易燃性是指闪点低于60℃的液态垃圾和经过摩擦、吸湿等自发的化学变化或在加工制造过程中易燃的非液态垃圾,因其燃烧剧烈、持久,对人体和环境造成危害。测定易燃性的办法是测定闪点。

(一)采用仪器

应采用闭口闪点测定仪,常用的配套仪器有温度计和防护屏。

1. 温度计

温度计采用1号温度计(-30~170℃)或2号温度计(100~300℃)。

2. 防护屏

采用镀锌铁皮制成,高度550~650mm,宽度以适用为度,屏身内壁漆成黑色。

(二)测定步骤

将样品加热到某一温度后,停止搅拌,每上升1℃,点燃一次,当蓝色的火焰在样品上方第一次出现时,马上将温度计上的温度读出,这就是测量结果。

操作过程的细节可参阅《闪点的测定宾斯基—马丁闭口杯法》(GB/T 261—2008)。

三、腐蚀性

腐蚀性是指由于接触会对生物细胞组织造成损害,或者是由于接触材料产生了质变,导致容器的泄露,从而造成了危害。测量方法有两种,一种是测量pH值,另一种是测量温度低于55.7℃时钢产品的锈蚀速率。现介绍pH值的测定。

(一)仪器

采用pH计或酸度计,最小刻度单位在0.1pH单位以下。

（二）方法

用与待测样品 pH 值相近的标准溶液校正 pH 计，并加以温度补偿。

（1）对于含水量高、流态化的泥浆、浆状物，可以在其表面直接插入电极，用来测定其 pH 值。

（2）对于黏性物质，可在经过离心或过滤后测定其滤液的 pH 值。对于粉、粒、块状物料，对配制好的样品 50g（干基），将其放入 1L 的塑料瓶中，并添加 250mL 的新鲜蒸馏水，使其与固体的比例达到 1∶5，在盖上密封之后，将其放置在振荡机上（振荡频率 120±5 次/分钟，振幅 40mm），于室温下，持续振荡 30min，静置 30min 后，对上清液的 pH 值进行检测，每一种废物取三个平行样品，对其 pH 值，差值不能超过 0.15，否则，应该再取 1～2 个样本，对其进行测试，并将中位值报告。

（3）在高 pH 值（9 以上）或低 pH 值（2 以下）的样品中，两个平行样品的 pH 值测定结果允许差值不大于 0.2，此外，还应对环境温度，样品来源，粒度级配，试验过程中发生的异常现象，特别是试验条件的变化及其原因进行汇报。

四、反应性

反应性是指固体废弃物在一般条件下是不稳定的，很容易发生强烈的化学反应；或与易爆物质结合在一起；或者是有毒的物质。测试方法有碰撞感度、摩擦感度、差热分析、爆点、火焰感度、温升、毒性气体释放等。现介绍释放有害气体的测定方法。

（一）反应装置

（1）250mL 高压聚乙烯塑料瓶，另配橡皮塞（将塞子打一个 6mm 的孔），插入玻璃管。

（2）振荡器采用调速往返式水平振荡器。

（3）100mL 注射器，配 6 号针头。

（二）实验步骤

称取固体废物 50g（干重），放入 250ml 的反应容器中，并添加 25ml 水（用 1mol/LHCl 将 pH 值调整为 4），盖上密封后，将其固定在振荡器上，振荡频率

为 110 ± 10 次/分钟，振荡 30min 后，停机，静置 10min。使用注射器抽吸 50ml，并将其注入 5ml 不同的吸收剂溶液，并测量该吸收剂溶液中的硫化氢和氰化氢等气体的含量。第 n 次抽 50mL 气体测量校正值：

$$校正值(mg/L)＝测得值\times(275/225)^n$$

式中，225——塑料瓶空间体积 mL；

275——塑料瓶空间体积和注射器体积之和 mL。

（三）硫化氢的测定

1. 原理

含硫化物的废料在与酸性水或与酸性工业危险的固体废料发生接触时，会导致固体废料中的硫化物释放出硫化氢气体：

$$MS＋2HCl\rightarrow MCl_2＋H_2S$$

醋酸锌溶液可吸收硫化氢气体，在含有高铁离子的酸性溶液中，硫离子与对氨基二甲基苯胺生成亚甲基蓝，其蓝色与硫离子含量成比例。本方法测定硫化氢气体的下限为 0.0012mg/L。

2. 样品测定

在固体废弃物与水反应的反应瓶中，用 100mL 注射器抽气 50mL，注入盛有 5mL 吸收液（醋酸锌、醋酸钠溶液）的 10mL 比色管中，摇匀。加入 0.1% 对氨基二甲基苯胺溶液 1.0mL，12.5% 硫酸高铁铵溶液 0.20mL，用水稀释至标线，摇匀。$15\sim20$min 后用 1cm 比色皿，以试剂空白为参比在 665nm 波长处测吸光度。在校准曲线上查出含量。

3. 结果计算

$$硫化氢浓度(S^{2-}，mg/L)＝测得硫化物量(\mu g)\times(275/225)^n/注气体积(mL)$$

式中，n——抽气次数。

（四）氰化氢的测定

1. 原理

一种含氰化物的固体废物，当它遇到酸性物质时，会释放出一种被氢气吸收的氢气。在 pH 值为 7 时，氰离子与氯胺 T 作用生成氯化氰，再与异烟酸作用生成水解生成戊烯二醛，再与吡唑啉酮缩合生成蓝色染料，其色彩与氰化物浓度成正比，从而可确定氰化氢含量。本法的检测下限为 0.007mL/L。

2. 样品测定

取固体废物与水反应生成的气体 50mL，注入 5mL 的吸收液中(氢氧化钠溶液)，加入磷酸盐缓冲溶液 2mL，摇匀。迅速加入 1% 氯胺 T0.2mL，立即盖紧塞子，摇匀。反应 5min 后加入异烟酸-吡唑啉酮 2mL，摇匀，用水定容至 10mL。在 40℃ 左右水浴上显色，颜色由红→蓝→绿蓝。以空白作参比，用 1cm 比色皿，在 638nm 波长处测定吸光度。在校正曲线上查得氰化物的含量。

3. 结果计算

氰化氢浓度(CN^-，mg/L)＝测得氰化物量(μg)×$(275/225)^n$/注气体积(mL)

式中，n——抽气次数。

(五)浸出毒性

固体废物被水冲刷、渗透后，其中的有害物质会向水相中迁移，从而对地表、地下水产生二次污染。

浸取实验是按照一定的方法将浸取的水溶液浸取出来，再对浸取液进行分析。我国规定的分析项目有汞、镉、砷、铬、铅、铜、锌、镍、锑、铍、氟化物、氰化物、硫化物、硝基苯类化合物。浸出方法如下。

(1)称取 100g(干基)试样(无法称取干基质量的样品则先测水分加以换算)，置于浸出容积为 2L(φl30×160)具塞广口聚乙烯瓶中，加水 1L(先用氢氧化钠或盐酸调节 pH 值为 5.8～6.3)。

(2)将瓶子垂直固定在水平往复振荡器上，调节振荡频率为 110±10 次/分钟，振幅 40mm，在室温下振荡 8h，静置 16h。

(3)用 0.45μm 的滤膜进行过滤。根据每个分析项目的需要，将滤液保存在适当的条件下，并将其保存起来，以备使用，每个样本进行两次平行的溶出测试，每一瓶的溶出液对所测的项目进行两次平行的测定，并将其计算平均后，将结果报告给用户；对含水污泥的试样，还应对试样的滤液进行化验，并将化验结果上报；测试报告中还应当包含测试样品的名称、来源、采集的时间、测试的粒径和等级、测试过程中有无异常、测试溶液的 pH 值、颜色、乳化、分层等；实验过程中的环境温度和变化范围，实验条件的变化和原因。

由于样品与萃取装置的相容性，在一定条件下，可以用外形相似的玻璃瓶来取代聚乙烯瓶。例如，在确定有机组分的时候，最好使用硬的玻璃器皿，对于一些特定种类的固体废料，因为安全和样本收集等因素，不能完全依照这些条件来进行测试，可以在具体情况下做出相应的调整。浸取液的检测项目按照相关规范和相关检测方法进行。

第四节　生活垃圾分类及特性分析

一、生活垃圾分类

城市是一个人口稠密的地区，也是一个工业、经济、科技的聚集地。随着我国人口的增加，经济的飞速发展，人民的生活品质也在不断提升，因此，在我国，城市中产生的垃圾也在不断增多，其组成也越来越复杂，其污染问题已成为世界范围内的一大公害。所以，研究城市生活垃圾的处置技术具有很强的现实意义。城市生活垃圾是指人们在生活和生产过程中产生的一种固体废弃物。它包括了厨房垃圾、普通垃圾、庭院垃圾、清扫垃圾、商业垃圾、建筑垃圾、危险垃圾（例如医院传染病房、放射性治疗系统、核试验室等产生的各类垃圾）等。城市生活垃圾的成分比较复杂，一般分为三类。①废品类：废金属、废玻璃、废塑料橡皮、废纤维类、废纸类和砖瓦类。②厨房用具：饭食垃圾，蔬菜垃圾，肉类及骨头，我国某些城市厨房用煤及煤制品，木炭等燃烧后的残留物。③灰土类。在不同的国家，不同的地区，不同的环境下，这些成分所占的比重也有很大的不同。

二、生活垃圾特性分析

常见的生活垃圾处理处置方法有三大类。

（一）卫生填埋

目前，这种方法在国内已成为一种主流方法。在垃圾填埋场中，主要监测指标为垃圾渗滤液含量、蝇虫密度等。渗滤液是一种可以溶解垃圾成分的水溶液。测定内容常有色度、总溶解性固体、SO_4^{-2}、$NH_4^+ - N$、Cl^-、总 P、pH 值、COD、BOD、细菌总数等。该方法要防止对地下水的污染及沼气爆炸，渗滤液应专门收集排除。

（二）焚烧发电

焚烧发电包括热解和气化，垃圾焚烧处理的重要指标是热值（高位和低位，

H_0、H_N），单位 kJ/kg。热值测定采用氧弹计法等，低位热值高于 3 000kJ/kg 可用于发电。该方法对设备要求较高，正在逐步推广，垃圾发电可行。

（三）生物堆肥

在生物堆肥过程中，需要对其进行生物降解和腐熟度的测定。BDM 的测量通常是通过 COD 测试法进行的。通过淀粉含量（碘的颜色对其进行响应）测定腐化程度。该方法是一种高效的有机废弃物处置方法，并可制得有机肥料。对于加入高效降解菌种具有良好的作用。

使用不同的处理处置方法对应的监测重点项目也不相同，例如：在焚化过程中，要确定垃圾的热值，而在堆肥过程中，要确定其生物降解度、腐熟度等。在垃圾填埋场中，主要监测内容包括垃圾填埋场附近的渗滤液、飞蝇数量等。

三、垃圾的粒度分级

粒度采用的是筛分法，将一系列不同筛目的筛子，按照规格顺序，从小到大进行排列，在进行筛分的时候，每一筛目的筛子连续摇动 15min，并按顺序摇到下一个筛上，最后计算每个粒径颗粒的百分数。在 70℃下进行 24h 的烘干，然后放到干燥器中冷却并过筛。

四、淀粉的测定

（一）原理

利用淀粉含量的测定，对垃圾堆肥的腐熟度进行了判定。该方法的基本原理是根据垃圾在堆肥中所生成的碘配合物的色泽变化与其可降解性之间的关系。在堆肥过程中，在没有完全降解的情况下，淀粉的碘配合物为蓝色，而完全降解的情况下，其颜色为黄色。堆肥颜色的变化过程是深蓝→浅蓝→灰→绿→黄。

（二）测定步骤

分析检测的步骤是：①将 1g 堆肥置于 100mL 烧杯中，滴入几滴酒精使其湿润，再加 20mL36％的高氯酸；②用纹网滤纸（90 号纸）过滤；③加入 20mL 碘反应剂到滤液中并搅动；④将几滴滤液滴到白色板上，观察其颜色变化。

测定过程所需试剂：①碘反应剂：将 2g KI 溶解到 500mL 水中，再加入

0.08g I_2；②36％的高氯酸；③酒精。

五、生物降解度的测定

在生活垃圾中，存在着大量的自然和人造有机物，其中一些易于被生物降解，而另一些则很难被生物降解。目前，已有一种 COD 测试法，可在常温下评估垃圾的生物降解作用。

分析步骤是：①称取 0.5g 已烘干磨碎试样于 500mL 锥形瓶中；②准确量取 20mL $[C \frac{1}{6}(K_2Cr_2O_7)=2mol/L]$ 重铬酸钾溶液加入试样瓶中并充分混合；③用另一支筒量取 20mL 硫酸加到试样瓶中；④在室温下将这一混合物放置 12h 且不断摇动；⑤加入大约 15mL 蒸馏水；⑥再依次加入 10mL 磷酸、0.2g 氟化钠和 30 滴指示剂，每加入一种试剂后必须混合；⑦用标准硫酸亚铁铵溶液滴定，在滴定过程中颜色的变化是从棕绿→绿蓝→蓝→绿，在等当量点时出现的是纯绿色；⑧用同样的方法在不放试样的情况下做空白试验；⑨如果加入指示剂时易出现绿色，则试验必须重做，必须再加 30mL 重铬酸钾溶液。

生物降解度的计算：

$$BDM = (V_2 - V_1) \times V \times c \times \frac{1.28}{V_2}$$

式中，BDM ——生物降解度；

$\quad V_1$ ——试样滴定体积，mL；

$\quad V_2$ ——空白试验滴定体积，mL；

$\quad V$ ——重铬酸钾的体积，mL；

$\quad c$ ——重铬酸钾的浓度；

$\quad 1.28$ ——折合系数。

六、热值的测定

由于焚烧是一种能够快速、无害化、稳定化、减量化、资源化的处理方法，因此，在工业化先进国家，焚烧已经成为一种重要的城市生活垃圾处理方法。目前，我国正在加快发展垃圾焚烧技术，以促进城市垃圾的综合利用。

热值是一种以 J/g 为单位的物质，当氧气供应过量时，它在一定的条件下燃烧时，所放出的热量。热值是垃圾焚烧技术的一项重要指标，根据被测物质中水及燃烧产物中水的赋存形态，可分为高热值和低热值两类。垃圾中的可燃性物质在燃烧过程中会释放出较高的热量。废弃物中所含的不可燃材料(例如水、不可燃的惰性材料），在燃烧时会耗热，在燃烧加热时，这些不可燃的惰性材料会吸热，从而使温度升高；水在吸收了热量之后被蒸发，并以水蒸气的形式被蒸发掉。较高的热值是减去由不能燃烧的惰性材料和由水蒸发而得的热值。因此，选择较小的热值更符合实际，具有较强的现实意义。

两者换算公式为：

$$H_N = H_0 \left[(100 - I - W) / (100 - W_L) \right] \times 5.85W$$

式中，H_N——低热值，kJ/kg；

　　　H_0——高热值，kJ/kg；

　　　I——惰性物质含量，%；

　　　W——垃圾的表面湿度，%；

　　　W_L——剩余的和吸湿性的湿度，%。

热量的测量可采用热量计和热量消耗两种方法。垃圾热值测量的难点在于其比热值的准确确定，由于垃圾中各组分的变化性和比热差别较大，使得测量特定垃圾的比热是一个非常复杂的过程，而对于组成相对简单的垃圾（例如含油污泥）则相对简单。

城市生活垃圾的热值由塑料橡胶类、纸张类、纺织物类、木竹类、灰土和瓜果皮厨余类物质以及垃圾整体的含水量决定。这些食物中，水果皮、厨余物、灰尘等都是易燃物，但由于它们的含水量较高，因此它们的热值是负的。垃圾中的水含量对其热值有很大影响，水含量越高，其净热值就越低。

七、垃圾渗滤液分析

（一）垃圾渗滤液的来源及特点

垃圾填埋场渗滤液是一类高浓度的有机污水，因其水质和水量的不稳定，且其中含有大量的非氯化芳烃（如萘、菲）和有毒物质（如氨氮），使填埋场渗滤液的处理难度很大。以下是主要的信息来源：①垃圾自身含有的水分；②垃圾降解产生的水分；③大气降水；④径流。

垃圾渗滤液受填埋时间、气候条件、来源以及垃圾成分和填埋场设计等多种因素影响，其水质与城市污水相比具有不同的特点。我国城市垃圾渗滤液的典型水质情况见表 4-7。

表 4-7　我国城市垃圾渗滤液的水质

	上海	杭州	广州	深圳	台湾某市

	上海	杭州	广州	深圳	台湾某市
COD/mg·L	1 500～8 000	1 000～5 000	1 400～5 000	50 000～80 000	4 000～37 000
BOD$_5$/mg·L	200～4 000	400～2 500	400～2 000	20 000～35 000	600～28 000
总 N/mg·L	100～700	80～800	150～900	400～2 600	200～2 000
SS/mg·L	30～500	60～650	200～600	2 000～7 000	500～2000
NH$_3$-N/mg·L	60～450	160～500	160～500	500～2 400	100～1 000
pH 值	5～6.5	6～6.5	6.5～7.8	6.2～6.5	5.6～7.5

由表 4-7 可知,垃圾渗滤液具有如下特点。①有机物浓度高:垃圾渗滤液中的 COD$_{cr}$ 质量浓度为 1 000～100 000mg/L,BOD$_s$ 质量浓度为 200～40 000mg/L。②氨氮含量高:氨氮浓度随填埋时间的延长而升高,渗滤液中氨氮的浓度从几百到几千毫克每升,浓度过高影响微生物活性。③微生物营养元素比例失调:垃圾渗滤液中氨氮和有机物含量高,但含 P 量一般较低。④金属含量高,色度高且恶臭,垃圾渗滤液中含有多种金属离子。⑤生活垃圾渗滤液的质量波动较大,一方面,它的出水量具有一定的季节性,并且雨水季节比干旱季节多;另一方面,随着时间的推移,垃圾中污染物的成分及含量也发生了改变。

(二)垃圾渗滤液的分析项目

基于这一点,国家提出了对垃圾渗滤液进行理化分析和细菌学检验的方法,具体包括以下几个方面:色度、总固体、总溶解性固体与总悬浮性固体、硫酸盐、氨态氮、凯氏氮、氯化物、总磷、pH 值、BOD、COD、钾、钠、细菌总数、总大肠菌数等。在国内,已经有了对细菌总数和大肠菌数进行检测的项目,它们的测量方法基本是以水质测量方法为基础,并以垃圾渗滤液的特性为基础,做出了一些改变。

(三)垃圾渗滤液的排放标准及处理方法

目前,我国由于垃圾渗滤液排放所产生的污染已成为环境污染的重要问题之一,为不造成地面水域的污染,不破坏土壤的正常自净过程,不引起地下水质和农作物品质的异常恶化,2008 年开始实施的《生活垃圾填埋厂污染控制标准》(GB 16889—2008)中规定了所有生活垃圾填埋场水污染物排放质量浓度限值(表 4-8)。

表 4-8 现有和新建生活垃圾填埋场水污染物排放质量浓度限值

序号	控制污染物	排放质量浓度限制	污染物排放监控位置
1	色度(稀释倍数)	40	常规污水处理设施排放口
2	化学需氧量(COD_{cr})/mg·L	100	常规污水处理设施排放口
3	生化需氧量(BOD_5)/mg·L	30	常规污水处理设施排放口
4	悬浮物 mg·L	30	常规污水处理设施排放口
5	总氮 mg·L	40	常规污水处理设施排放口
6	氨氮 mg·L	25	常规污水处理设施排放口
7	总磷 mg·L	3	常规污水处理设施排放口
8	粪大肠菌群数,个/升	10 000	常规污水处理设施排放口
9	总汞 mg·L	0.001	常规污水处理设施排放口
10	总镉 mg·L	0.01	常规污水处理设施排放口
11	总铬 mg·L	0.1	常规污水处理设施排放口
12	六价铬 mg·L	0.05	常规污水处理设施排放口
13	总砷 mg·L	0.1	常规污水处理设施排放口
14	总铅 mg·L	0.1	常规污水处理设施排放口

第五章

土壤污染监测技术

《中国农业百科全书·土壤卷》指出：土壤是地球陆地表面能生长绿色植物的疏松层。其厚度以数厘米至数米不等。土壤不同于成土母质，其根本的差别是其有无肥力，也就是其有无持续地供给和调节养分与环境的能力。土壤圈介于大气圈、岩石圈、水圈和生物圈之间，是地球各圈层（水、气和生物等）中较活跃、较富生命力的圈层之一，具有独特的功能和特性。土壤是动植物、人类赖以生存的物质基础。因此，土壤质量的优劣直接影响人类的生产、生活和发展。

第一节　土壤污染监测概况

一、土壤的组成

土壤是由地球表层的岩石经风化作用，在母质、生物、气候、地形、时间等多种因素作用下形成和演变而来的。土壤是由矿物质、动植物残体腐解产生的有机物质，水分和空气等固、液、气三相物质组成的疏松多孔体。土壤的组成带有明显的地域特征，不同地带土壤的物理化学性质及生物性质是不同的。

（一）土壤矿物质

土壤矿物质是岩石经风化作用形成的，占土壤固体部分总质量的90％以上，有土壤骨骼之称。土壤矿物质种类很多，化学成分比较复杂，是土壤中最不活跃的部分，但它的组成和性质又直接影响土壤的物理和化学性质。土壤中的矿物质是植物所需养分的一个主要来源，根据其组成可以划分为两种类型：一种是原生矿物质，另一种是次生矿物质。

1. 原生矿物质

原生矿物质是指在风化作用下，不同类型的岩体仅受到力学损伤，被击碎为碎片，而其化学成分没有改变。这些矿物以石英、长石、云母等硅酸盐矿物为主，也有氧化物矿物、硫化物、磷酸盐矿物等。

2. 次生矿物质

原生矿物质大多是指由原生矿物质经过化学风化后形成的新矿物，包括碳酸盐、硫酸盐、氯化物、三氧化物和次生铝硅酸盐类等。次生黏土矿物大多为各种铝硅酸盐和铁硅酸盐，如高岭土、蒙脱土、多水高岭土和伊利石。土壤中许多重要的物理化学组分和过程都与其含有的黏土矿物的类型和含量密切相关。次生矿物中简单盐类呈水溶性，易被淋失。

土壤矿物质的组成如下。①化学组成。土壤矿物质中化学元素的相对含量与地球岩石圈的化学组成相似。其中，氧、硅、铝、铁、钙、钠、钾和镁八大元素在岩石圈中的含量约占总量的 96%，其余元素的含量非常低，低于十万分之一甚至百万分之一，统称为微量元素。②机械组成。土壤是由各种大小不同的颗粒组成，土壤的机械组成是指土壤中各种大小不同的组成颗粒的相对含量的百分比。国际制采用三级分类法，将土壤分为砂土、壤土、黏壤土和黏土四大类和十二级。近年来，我国土壤工作者制定了我国土壤质地的分类标准，把土壤质地分为 3 组 11 种，见表 5-1。

表 5-1　我国土壤质地分类

质地分类	质地名称	颗粒组成		
		砂粒(0.05～1mm)	粗粉粒(0.01～0.05mm)	黏粒(<0.001mm)
砂土	粗砂土	>70	—	<30
	细砂土	60～70		
	面砂土	50～60		
壤土	砂粉土	>20	>40	>30
	粉土	<20		
	粉壤土	>20	<40	
	黏壤土	<20		
	砂黏土	>20	—	
黏土	粉黏土	—	—	30～35
	壤黏土			35～40
	黏土			>40

（二）土壤有机质

土壤有机质是通过进入土壤中的动植物及微生物残骸以及施用在土壤中的有机肥料经过生物作用而逐步形成的，它与土壤中的矿物质一起，组成了土壤的固相成分。土壤有机质主要分布在土壤表层，其含量占土壤干重的 1%～

10%。按其分解程度可分为新鲜有机质、半分解有机质和腐殖质。腐殖质是指新鲜有机质经微生物分解转化所形成的黑色或暗棕色胶体物质，是具有多功能团、芳香族结构的酸性高分子化合物，具有表面吸附、离子交换、络合、缓冲、氧化还原等性能，一般占土壤有机质总量的85%～90%，这类物质对污染物在土壤中的迁移、转化起着积极作用，如腐殖质能强烈吸附土壤中的重金属离子。

（三）土壤微生物

土壤微生物有多种，包括细菌、真菌、藻类、原生动物等。土壤微生物不但是土壤有机质的重要来源，还在有机污染物的降解和无机污染物的转化等方面发挥着关键作用，是土壤生态系统的重要组成部分。土壤微生物的数量巨大，1g土壤中就有几亿到几百亿个微生物。如果土壤被污染，土壤微生物的数量和代谢都会受到影响，因此，土壤微生物可作为判断土壤质量的灵敏指示剂。

（四）土壤水分

土壤水以不同形式赋存于土壤孔隙中，其主要来自大气降水、地表径流及农田灌溉等，是土壤"血液"，对土壤中物质的迁移转化及土壤结构的形成具有决定性的作用，对土壤的质量具有重要的影响。事实上，土壤中的水并非纯粹的水，它是一种由多种溶质组成，为植物生长所需的水肥。

（五）土壤空气

存在于土壤孔隙中的气体统称为土壤空气，主要来源于大气和生化反应产生的气体，如甲烷、硫化氢、氮氧化物等。在排水良好的土壤中，土壤空气主要来源于大气，因此其成分与大气基本相同；而在排水不良的土壤中，土壤空气的含氧量下降，而二氧化碳的含量会增加。影响土壤空气的因素很多，如土壤水分、土壤中的生物活动、土壤的深度及酸碱度、季节变化、栽培措施等。

二、土壤的特性

土壤的重要特征之一就是具有肥力，植物在生长过程中需要的水分和养分都来源于土壤，依照土壤的形成过程，土壤肥力可分为自然肥力和人工肥力两类。同时，土壤本身也有一定的自我净化作用，可以有效地减少或消除进入土壤的有害物质。但是，因为土壤的自净能力是非常有限的，如果土壤中含有的有害物质太多，那么进入土壤中的有害物质就会超出土壤所能容纳的容量和自净能力，这就会打破土壤的动态平衡，从而造成土壤的组成、结构和功能的改变，同时还会对土壤中的微生物活性产生影响，这样，有害物质和它们的腐解物就会在土壤中缓慢地积累。通过"土壤→植物→人体"，或通过"土壤→水→人体"间接被人体吸收，对人体健康或生态系统造成危害，造成土壤污染。

第二节　土壤污染源

一、土壤污染源的分类

通过各种途径进入土壤环境中的物质种类十分繁多，有的是有益的，有的是有害的；有的在量少时是有益的，而在量多时是有害的；有的既无益，也无害。土壤环境中，会影响到土壤环境的正常功能，使作物产量或生物质量下降，对人类健康构成威胁的物质，统称为土壤污染物。

按其产生的方式，可将其划分为天然和人为两种。在自然界中，有些矿床会成为某种元素或化合物的富集中心，并在其周边形成一种自然扩散晕，使得周边土壤中某些元素的含量高于正常土壤，这种污染被称作自然污染。由于工业污水、城市生活污水等的排放，以及人类活动所产生的污染物，进入土壤中所造成的污染，被称为人为污染。根据污染源的不同，人类活动造成的污染可分为四大类：工业污染、固体垃圾污染、农业污染和生物污染。

（一）工业污染源

工业污染源主要是指工业生产中产生的废水、废气和废渣（即"三废"）的排放，使污染物直接或间接进入土壤中造成污染。工业"三废"造成的土壤污染总体上只局限在工业区周边一小片区域，且污染点集中，局部化。工业"三废"对土壤造成的大面积污染多为间接污染，其原因主要是由于污染物在土壤中长期累积所致。例如，将污泥等作为肥料施入农田或由于大气、水体污染所引起的土壤环境二次污染等。污水灌溉是污水资源化利用的重要途径之一，污水中的氮、磷、钾等元素是植物生长所必需的养分，但污水灌溉会给土壤和地下水造成污染隐患，一旦造成污染，污染物会通过食物链进入人体，危害人类的健康。另外，工业生产过程中产生的废气中所含的有害物质也会以降尘的形式进入土壤，造成土壤污染。

（二）固体垃圾污染源

工业生产产生的废渣、生活垃圾、污泥等固体废物的处理和堆积的场所就是土壤，经过雨水的冲淋和浸泡，大量有机和无机污染物进入土壤中，这也是造成土壤污染的重要来源。

（三）农业污染源

农业污染源主要指由于农业生产过程中施入土壤的化学农药、化肥和有机肥以及残留于土壤中的农用地膜等。农业污染一般属于面污染源。面污染源是相对于点污染源而言的，指污染物以广域的、分散的、微量的形式进入土壤或地表、地下水体。农业生产中使用的农药、化肥会导致污染物质进入土壤中富集并长期存在，是农业面源污染的主要污染源，也是土壤污染的重要污染源。

（四）生物污染源

一些含病原微生物的生活废水、垃圾、医用废水也是土壤污染源之一。

二、土壤中的主要污染物

土壤污染物按其成分可分为有机污染物和无机污染物两类。表 5-2 列举出了土壤中的主要污染物及其来源。近半个世纪以来，我国土壤的质量一直在持续不断地下降，土壤污染日益加剧。据相关部门统计，我国被重金属污染的土地已超过耕地总面积的 1/5，每年仅因为重金属污染造成的直接经济损失就超过 300 亿美元。我国土壤污染的发展趋势总体是：①从轻度污染向重度污染过渡；②从单一污染向复合污染过渡；③从局部污染向区域污染过渡。

表 5-2　土壤中的主要污染物及来源

污染物种类			主要来源
无机污染物	重金属	汞（Hg）	氯碱工业、含汞农药、仪器仪表工业
		镉（Cd）	冶炼、电镀、染料等工业，肥料杂质
		铜（Cu）	冶炼、铜制品生产、含铜农药
		锌（Zn）	冶炼、镀锌、人造纤维、纺织工业、磷肥
		铬（Cr）	冶炼、电镀、制革、印染等工业
		铅（Pb）	颜料、冶炼等工业，农业，汽车排气
		镍（Ni）	冶炼、电镀、炼油、染料等工业
	非金属	砷（As）	磷酸、化肥、农药、医药、玻璃等工业
		硒（Se）	电子、电器、油漆、墨水等工业
	放射性元素	铯（^{137}Cs）	原子能、核工业、同位素生产、核爆炸
		锶（^{90}Sr）	原子能、核工业、同位素生产、核爆炸
	其他	氟（F）	冶炼、磷酸和磷肥、氟硅酸钠等工业
		酸、碱、盐	化工、机械、电镀、酸雨、造纸、纤维等工业
有机污染物	有机农药		农药的生产和使用
	酚类有机物		炼焦、炼油、石油化工、化肥、农药等工业
	氰化物		电镀、冶炼、印染等工业
	石油		油田、炼油、输油管道漏油
	3，4-苯并（a）芘		炼焦、炼油等工业
	有机性洗涤剂		机械工业、城市污水
	一般有机物		城市污水、食品、屠宰工业
有害微生物			城市污水、医院污水、厩肥

三、土壤污染物特性

土壤污染物的特性与污染物的种类、形态、浓度、化学性质及其所在的环境等因素有密切的关系，各类污染物在土壤中存在的形态可通过各种物理化学作用不断发生变化。在特定环境中，污染物的存在形态还取决于环境的地球化学条件，如酸碱度、氧化还原状况、环境中胶体物质的种类和数量、环境中有机质的种类和数量等。土壤的污染直接影响人类的各种主要食物来源，与人类的生活和健康密切相关。因此，研究土壤污染的发生，污染物在土壤中的迁移、转化、降解、残留以及土壤污染物的控制和消除，对保护人类环境来说具有十分重要的意义。

四、土壤污染的特点

（一）隐蔽性和滞后性

土壤污染是一种隐蔽、滞后的现象。大气污染、水污染、固体废物污染等问题通常都是很明显的，可以用感官来判断。但土壤污染却不一样，它是指污染物进入土壤后，在土壤中经过一段时间的累积而形成的一种污染，通常需要对土壤样本进行分析化验，并对农产品中的残留物进行检验，甚至通过研究对人畜健康状况的影响才能确定，只有当人类和动物吃了受污染的土地上的蔬菜，才能体现出环境污染的影响。所以，从土壤受到污染到污染后果的出现，需要经过不易被发现的一段很长的隐蔽过程，出现问题通常会滞后较长的时间。例如，日本的"痛痛病"经过了10～20年才被人们认识。

（二）累积性和地域性

土壤中污染物在水、大气等环境介质中不易扩散和稀释，且易累积而到很高浓度，导致其污染呈现出明显的区域性特征。

（三）难恢复性和持久性

土壤受到污染后，要经过一个漫长的自我净化过程，特别是重金属污染，基本上是不可逆转的。受一定程度重金属污染的土壤可能需要100～200年的时间才能够逐渐恢复。许多农药对土壤的污染也具有持久性，一些农用杀虫剂虽然目前已禁止使用，但是其污染物会在土壤中残留几十年，会在很长一段时间内继续影响土壤的质量。

（四）判定的复杂性

由于地球表面的每一个特定区域都有其特有的地球化学性质，而且土壤中污染物的含量与植物生长之间的关系十分复杂，因此，到目前为止，国内外都没有制定出关于土壤中有害物质的最高容许浓度的统一标准。

第三节　土壤污染物的测定

一、土壤污染监测项目

由于污染物在土体中的迁移转化规律较大气、水体等环境介质中的变化规律更为复杂，因此，土壤样品的采集和预处理与大气和水体样品的采集和预处理方法有很大的区别，但对污染物的分析测定方法则基本相同。土壤污染监测项目按其性质主要分为以下几类。

物理指标：土壤质地、土壤水分、孔隙度等。

化学指标：重金属化合物（如铜、铅、锌、汞铬等）、非金属化合物（如氰化物、硫化物、氟化物等）、有机化合物（如农药、三氯乙醛、除草剂、酚类化合物、石油类化合物、DDT、六六六等）。

生物指标：土壤动物（如蚯蚓数量）、微生物种群、土壤酶等。

我国 2018 年 8 月 1 日起实施的《土壤环境质量农用地土壤污染风险管控标准（试行）》和《土壤环境质量建设用地土壤污染风险管控标准（试行）》可以为开展农用地分类管理和建设用地准入管理提供技术支撑，这对《土壤污染防治行动计划》的实施，以及保证农业生产中的农产品品质及人类生存环境的安全，都有着十分重要的作用。

《土壤环境质量农用地土壤污染风险管控标准（试行）》以保障食用农产品的质量安全为首要目的，兼顾作物生长与土壤生态，对农用地土壤污染的风险甄别与控制指标、监测、实施与监管等内容进行了单独规定，并对农用地土壤污染的风险甄别与分级进行了研究。《农业生产技术规范》中所确定的农田土壤污染风险筛查指标的基础指标为必测指标，其余指标为可测指标。必测项目包括镉、汞、砷、铅、铬、铜、镍、锌 8 项，选测项目包括六六六、滴滴涕和苯并[a]芘 3 项。农用地土壤污染风险管制值项目包括镉、汞、砷、铅、铬 5 项。

《土壤环境质量建设用地土壤污染风险管控标准（试行）》（以下简称《标准》）以人体健康为保护目标，规定了保护人体健康的建设用地土壤污染风险筛选值和管制值，适用于建设用地的土壤污染风险筛查和风险管制。《标准》

主要根据保护对象暴露情况的不同，将城市建设用地分为第一类用地和第二类用地。

第一类别的土地，无论是对儿童还是对成年人来说，都有长期暴露的危险，尤其是对住宅土地而言。从社会敏感性的角度出发，将公共管理与公共服务用地中的中小学用地、医疗卫生用地和社会福利设施用地，以及公园绿地中的社区公园或儿童公园用地也纳入了第一类用地范围。

第二种类型的土地，以成年人为主，有长期接触这些土地的危险。用地以工业、物流和仓储为主。

规划使用的土地类型属于一类土地类型时，应采用一类土地类型的筛选数值和控制数值；规划使用性质属于二类土地时，应采用二类土地的筛选数值及控制数值。规划用途不明确的，适用于第一类用地的筛选值和管制值。标准将污染物清单区分为基本项目（必测项目）和其他项目（选测项目）。

建设用地土壤污染筛选值和管制值基本项目见表 5-3，其他项目见表 5-4。

表 5-3　建设用地土壤污染风险筛选值和管制值（基本项目）　　单位/mg·kg

名称及序号		污染物项目	CAS编号	筛选值		管制值	
				第一类用地	第二类用地	第一类用地	第二类用地
重金属和无机物	1	砷	7440—38—2	20①	60①	120	140
	2	镉	7440—43—9	20	65	47	172
	3	铬（六价）	18540—29—9	3.0	5.7	30	78
	4	铜	7440—50—8	2 000	18 000	8 000	36 000
	5	铅	7439—92—1	400	800	800	2 500
	6	汞	7439—97—6	8	38	33	82
	7	镍	7440—02—0	150	900	600	2 000

续表

名称及序号	污染物项目	CAS编号	筛选值		管制值	
			第一类用地	第二类用地	第一类用地	第二类用地
8	四氯化碳	56-23-5	0.9	2.8	9	36
9	氯仿	67-66-3	0.3	0.9	5	10
10	氯甲烷	74-87-3	12	37	21	120
11	1，1-二氯乙烷	75-34-3	3	9	20	100
12	1，2-二氯乙烷	107-06-2	0.52	5	6	21
13	1，1-二氯乙烯	75-35-4	12	66	40	200
14	顺-1，2-二氯乙烯	156-69-2	66	596	200	2 000
15	反-1，2-二氯乙烯	156-60-5	10	54	31	163
16	二氯甲烷	75-09-2	94	616	300	2 000
17	1，2-二氯丙烷	78-87-5	1	5	5	47
18	1，1，1，2-四氯丙烷	630-20-6	2.6	10	26	100
19	1，1，2，2-四氯丙烷	79-34-5	1.6	6.8	14	50
20	四氯乙烯	127-18-4	11	53	34	183
21	1，1，1-三氯乙烷	74-55-6	701	840	840	840
22	1，1，2-三氯乙烷	79-00-5	0.6	2.8	5	15
23	三氯乙烯	79-01-6	0.7	2.8	7	20
24	1，2，3-三氯丙烷	96-18-4	0.05	0.5	0.5	5
25	氯乙烯	75-01-4	0.12	0.43	1.2	4.3
26	苯	71-43-2	1	4	10	40
27	氯苯	108-90-7	68	270	200	1 000
28	1，2-二氯苯	95-50-1	560	560	560	560
29	1，4-二氯苯	106-46-7	5.6	20	56	200
30	乙苯	100-41-4	7.2	28	72	280
31	苯乙烯	100-42-5	1 290	1 290	1 290	1 290
32	甲苯	108-88-3	1 200	1 200	1 200	1 200
33	间二甲苯+对二甲苯	108-38-3 106-42-3	163	570	500	570
34	邻二甲苯	95-47-6	222	640	640	640

挥发性有机物（名称及序号列左侧竖排）

续表

名称及序号		污染物项目	CAS 编号	筛选值		管制值	
				第一类用地	第二类用地	第一类用地	第二类用地
半挥发性有机物	35	硝基苯	98－95－3	34	76	190	760
	36	苯胺	62－53－3	92	260	211	663
	37	2－氯酚	95－57－8	250	2 256	500	4 500
	38	苯并[a]蒽	56－55－3	5.5	15	55	151
	39	苯并[a]芘	50－32－8	0.55	1.5	5.5	15
	40	苯并[b]荧蒽	205－99－2	5.5	15	55	151
	41	苯并[k]荧蒽	207－8－9	55	151	550	1500
	42	蒽	218－01－9	490	1 293	4 900	12 900
	43	二苯并[a, h]蒽	53－70－3	0.55	1.5	5.5	15
	44	茚并[1，2，3－cd]芘	193－39－5	5.5	15	55	151
	45	萘	91－20－3	25	70	255	700

注：①具体地块土壤中污染物检测含量超过筛选值，但等于或者低于土壤环境背景值水平的，不纳入污染地块管理。

表5-4　建设用地土壤污染风险筛选值和管制值（其他项目）　　单位/mg·kg

名称及序号		污染物项目	CAS 编号	筛选值		管制值	
				第一类用地	第二类用地	第一类用地	第二类用地
重金属和无机物	1	锑	7440－36－0	20	180	40	360
	2	铍	7440－41－7	15	29	98	290
	3	钴	74400－48－4	20①	70①	190	350
	4	甲基汞	22967－92－6	5.0	45	10	120
	5	钒	7440－62－2	165①	750	330	1 500
	6	氰化物	57－15－5	22	135	44	270
挥发性有机物	7	一溴二氯甲烷	75－27－4	0.29	1.2	2.9	12
	8	溴仿	75－25－2	32	103	320	1 030
	9	二溴氯甲烷	124－48－1	9.3	33	93	330
	10	1，2-二溴乙烷	106－93－4	0.07	0.24	0.7	2.4

续表

名称及序号		污染物项目	CAS编号	筛选值		管制值	
				第一类用地	第二类用地	第一类用地	第二类用地
半挥发性有机物	11	六氯环戊二烯	77－47－4	1.1	5.2	2.3	10
	12	2，4-二硝基甲苯	121－14－2	1.8	5.2	18	52
	13	2，4-二氯酚	120－83－2	117	843	234	1 690
	14	2，4，6-三氯酚	88－06－6	39	137	78	560
	15	2，4-二硝苯酚	51－28－5	78	562	156	1130
	16	五氯酚	87－86－5	1.1	2.7	12	27
半挥发性有机物	17	邻苯二甲酸二（2－乙基己基)酯	117－81－7	42	121	420	1210
	18	邻苯二甲酸丁基苄酯	85－68－7	312	900	3 120	9 000
	19	邻苯二甲酸二正辛酯	117－84－0	390	2 812	800	5 700
	20	3.3'-二氯联苯胺	91－94－1	1.3	3.6	13	36
有机农药类	21	阿特拉萍	1912－24－9	2.6	704	26	74
	22	氯丹②	12789－03－6	2.0	6.2	20	62
	23	p，p'-滴滴滴	72－54－8	2.5	7.1	25	71
	24	P，p'-滴滴伊	72－55－9	2.0	7.0	20	70
	25	滴滴滋③	50－29－3	2.0	6.7	21	67
	26	敌敌畏	62－73－7	1.8	5.0	18	50
	27	乐果	60－51－5	86	619	170	1 240
	28	硫丹④	115－29－7	234	1 687	470	3 400
	29	七氯	76－44－8	0.13	0.37	1.3	3.7
	30	α-六六六	319－84－6	0.09	0.3	0.9	3
	31	β-六六六	319－86－7	0.32	0.92	3.2	9.2
	32	γ-六六六	58－89－9	0.62	1.9	6.2	19
	33	六氯苯	118－74－1	0.33	1	3.3	10
	34	灭蚁灵	2385－85－5	0.03	0.09	0.3	0.9

续表

名称及序号		污染物项目	CAS 编号	筛选值		管制值	
				第一类用地	第二类用地	第一类用地	第二类用地
多氯联苯多溴联苯和二噁英类	35	多氯联苯（总量）⑤	—	0.14	0.38	1.4	3.8
	36	3，3′，4，4′，5-五氯联苯（PCB126）	57465－28－8	4×10^{-5}	1×10^{-4}	4×10^{-4}	1×10^{-3}
	37	3，3′，4，4′，5-六氯联苯（PCB169）	32774－16－6	1×10^{-4}	4×10^{-4}	1×10^{-3}	4×10^{-3}
	38	二噁英类（总毒性当量）	—	1×10^{-5}	4×10^{-5}	1×10^{-4}	4×10^{-4}
	39	多溴联苯（总量）	—	0.02	0.6	0.2	0.6
石油烃	40	石油烃（$C_{10}\sim C_{40}$）	—	826	4 500	5 000	9 000

注：①具体地块土壤中污染物检测含量超过筛选值，但等于或者低于封环境背景值水平的，不纳入污染地块管理；②氯丹为 α-氯丹、γ-氯丹两种物质含量总和；③滴滴涕为 o，p′-滴滴涕，p，p′-滴滴涕两种物质含量总和；④硫丹为 α-硫丹、β-硫丹两种物质含量总和；⑤多氯联苯（总量）为 PCB77、PCB81、PCB105、PCB114、PCB118、PCB123、PCB126、PCB156、PCB157、PCB167、PCB169、PCB189 十二种物质含量总和。

二、布点方法

（一）简单随机

将监控单元划分成格子，每格子编号，确定取样点样的种类后，再从指定的样本量中，按样本量选取相应的格子编号，作为取样点。随机数的获取有掷骰子、抽签、查随机数表等方式。GB 10111《利用随机数骰子进行随机抽样的办法》中有详细说明。单纯随机化是一种不受任何主观性约束的点位方式。

（二）分块随机

从所收集到的数据来看，当一个地区的土壤类型很多时，可以把该地区划分为若干个区域，每个区域的污染分布比较均匀，而各区域之间的差别比较大。以每一区块为一个监控单元，并在其内部进行随机布置。在网格划分正确的情况下，网格划分具有一定的代表性，网格划分不当，网格划分有可能起到相反的作用。

（三）系统随机

将被监测的区域按相同面积划分为若干个单元(即格网)，在每个格网中布置一个采样点，即系统随机布点。在某一地区的污染物质含量有很大差异的情况下，采用系统化随机布点所采集的样本具有更好的代表性。

三、土壤样品的采集

（一）土壤采样点的选择

在采样之前，必须对土壤的污染状况进行调查。主要研究该区的自然条件、农业生产、土壤理化性质、污染的历史和现状。据此，选取具有代表性的若干个地块作为采样单元(0.13~0.2hm³)。在每一个取样单位，布置一些取样点，同时选择对照单元并布设采样点。由于土壤本身的空间分布不均，因此，在相同的取样单位中，必须进行多个取样点的取样，并且要保证取样的均匀性和代表性。当面积不大时(2~3亩，即1 330~2 000m²)，一般选择5~10个采样点。如果面积较大，采样点的数量可酌情增加。在工业生产区进行土壤污染调查时，采样点的布置要尽可能考虑到土壤的整体状况，采样点和栅格不宜过于分散。对于空气污染物造成的土壤污染，采样点应该围绕污染源，并根据风向、风速和污染强度系数等因素，选择在某个方向或多个方向上的采样点。在取样点数目及间隔上，通常离污染源较近的取样点间隔较短，离污染源较远的取样点间隔较大。控制点位应设置在远离污染源且不受污染之处。对于因引用城市污水或被污染的河水进行农田灌溉而引起的土壤污染，在选择采样点的时候应考虑水流的路径和距离。几种采样点布点法如图5-1所示。

1. 对角线布点法

如图5-1(a)所示，适用于小面积，平缓的用废水或受污染的水源进行灌溉的农田。对角线的最小三等分，以三等分的那一点作为采样点。在土壤差异较大时，可适当加大采样点数。

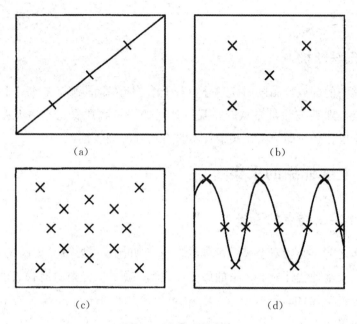

图 5-1　土壤采样布点

（a）对角线布点法；（b）梅花形布点法；（c）棋盘式布点法；（d）蛇形布点法

2. 梅花形布点法

如图 5-1(b)所示，适用于面积小、地势平坦、土壤较均匀的田块，一般设置 5～10 个采样点，中心点设在两对角线的交点处。

3. 棋盘式布点法

如图 5-1(c)所示，该方法适合于面积中等、地势平坦、地势开阔、土壤质地参差不齐的农田，一般需要 10 个以上采样点。另外，由于垃圾的分布具有非均匀性，此种布点方法也可应用于被垃圾污染的土壤，但样点数目较大，一般设置在 20 个以上。

4. 蛇形布点法

如图 5-1(d)所示，这种布点法适用于面积较大、地势不很平坦、土壤不均匀的田块，布设的采样点的数量也比较多。

（二）采样的深度

取样深度通常取决于土壤监控的目的。对普通农用地的土壤环境进行监测，采集耕作层的土壤样品，种植一般农作物采 0～20cm，种植果林类农作物采 0～60cm。若要了解土壤受污染情况，仅需要在 15cm 的耕层土样和耕层以下 15～

30cm 的土壤样品即可；为了弄清土壤受污染程度，需要对土壤进行分层取样。典型的土壤剖面分 A 层(指土壤表层、腐殖质淋溶层)、B 层(指土壤亚层、沉积层)、C 层(指风化母岩层、母质层)和底岩层。土壤剖面采样时，需在特定采样地点挖掘一个 1m×1.5m 左右的长方形土坑，土坑的深度在 2m 以内(一般深1m)，一般要求达到母质层或潜水处(图 5—2)。之后，按照土壤剖面的颜色，结构，质地，松紧度，温度，植物根系分布情况等，对其进行了详细的分析，并将剖面的形态、特征从上到下一一记录下来。之后，在每一层最有代表性的中央，用小铲子从下往上，一层一层地切割出一小块一小块的土壤样本，每一个采样点的取土深度和采样量应该是相同的，并且可以根据监测的目的选择成层的土样或者是混合样。在进行重金属物质分析时，与金属采样器相接触的泥土应该被丢弃。

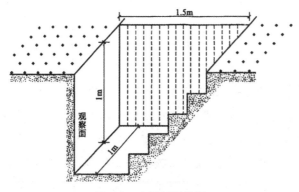

图 5-2　土壤剖面挖掘

（三）采样时间

取样的时间根据试验的项目不同而不同。对仅受污染的土壤，可以在任何时候取样检测。要想知道被污染的土地上的植被状况，就必须按季节或农作物收割时采集土壤和植被样品，每年同一地点两次采样，以便控制。对受环境严重影响的试验土壤，可以按生产周期或按年度生产计划进行检测。对于测试土壤受地下水影响的情况，在不同的地下水条件下，可以适当地设置取样的时间和频率。但是，每一次取样都要尽可能地保证取样点的位置不变，以确保测试数据的有效性和可比性。

（四）采样量

采样量的确定视分析测定项目而定，一般只需要 1～2kg。对多个地点收集到的土样，可以在现场或者在实验室里，按照四分法处理，最终保留一定数量的土样，用塑料袋或者布袋子装起来，并在上面写上取样地点、土层深度、日期、取样人的名字，并做好记录。

（五）区域环境背景土壤采样

在对样本单元进行划分的时候，在全国范围内，土壤环境背景值监测通常以土类为主要内容，省、自治区、直辖市级的土壤环境背景值监测以土类和成土母质母岩类型为主要内容，在省级以下或条件许可或特殊工作需要的土壤环境背景值监测可划分到亚类或土属。

要想要采集这类样本，第一，要对当地土壤的类型以及分布规律进行调查，所选择的样本点的自然景观应该与土壤环境背景值研究的要求相一致，采样点应该选在被采的土壤类型具有显著特征的地方，以及地形相对平坦、稳定、植被良好的地方；第二，坡脚和洼地等具有从属景观特征的区域，不设置样点；第三，在城镇、住宅、道路、沟渠、粪坑、坟墓附近等地方，由于人为干扰太大，会使土壤失去代表性，所以不适合设置采样点，取样点距离铁路、公路要在300m以上；第四，采样点应以剖面发育完整，层理清晰，无侵入物为宜，不得在土壤侵蚀较大或表层土壤破碎的地区布点；第五，选取不使用或少量化肥和农药的地块，尽量减少人类活动对样地的影响；第六，不在多种土类、多种母质母岩交错分布、面积较小的边缘地区布设采样点。在进行土壤背景值调查采样时，应充分重视母质对土壤质量的影响。因为土壤的母质不同，会导致土壤的组成和各种成分的含量有很大差异。与受污染土壤取样的区别是：相同的取样点并没有侧重于多个地点的混合取样，而是选取具有代表性的土壤进行取样。

每一个采样点在采样时，均应在土壤剖面上进行采样，对于特定的采样，应从各剖面的中部开始，由下至上，并对实际采样的深度进行原位记录。在地下水位很高的情况下，应一直开挖到地下水露出为止。

三、土壤样品的制备与保存

（一）土样的风干

收集到的土样要马上倒入塑料薄膜上或磁盘内，放在阴凉的地方晾干。至半干时，将土壤碾碎，除去石块、树根等杂七杂八的东西，并将其铺平，并时常翻转，让其自然干燥，以避免日晒、灰尘进入样品，避免酸、碱等气体进入样品。对于不稳定的物质如游离挥发性酚、铵态氮、硝态氮、低价铁等需要新鲜土样时，无须自然干燥。

（二）磨碎和过筛

将干燥后的土壤样品用有机玻璃或木棍碾压后，再用 2mm 孔径的筛子将其过滤掉，以除去较大的砂砾和植物残体，用作土壤颗粒分析及物理性质分析。若沙砾含量较多，应计算其在整个土壤中的百分数。如果需要进行化学测定，将所有粉碎的土壤样品都放入孔径 1mm 或 0.5mm 的筛中。在对有机质、全氮项目进行分析时，应该取一些已经通过 2 mm 筛的土壤样品，用玛瑙或有机玻璃研钵体进行研磨，使其全部通过 60 号筛（0.25mm）。用原子吸收光度法测 Cd、Cu、Ni 等重金属时，土样必须全部通过 100 号筛（尼龙筛）。研磨过筛后的样品混合均匀、装瓶、贴上标签、编号，进行储存。

（三）土样的保存

普通土壤样品的保存期为 0.5～1 年，以便在需要时复查。对于标准或质量控制的样品，必须在较长时间内安全地保存。将自然干燥的土壤样品、沉积物、标准土壤样品等存放在干净的玻璃瓶或塑料瓶中，在室温、阴凉、干燥、避光下密封。

四、土壤样品的测定

（一）土壤样品的预处理

目前，对土样进行前处理的方法有消解法和提取法两种。前者通常适合于元素分析，而后者则适合于分析有机污染物及活性组分。

土壤样品测定通常有两种消解方法：一种是碱熔法，它是通过在高温条件下，将被测组分与样品进行复分解，从而使被测组分转变成可溶的物质，常见的有碳酸钠碱熔法和偏硼酸锂碱熔法。碱熔处理的优势在于能彻底地将试样溶解，但也存在着镉、铬等重金属元素在高温下容易流失，且会产生大量的溶解盐类等问题。另外一种是酸熔法，在对土壤中的重金属元素进行分析时，通常会选择酸性溶液来对其进行溶解，常见的混合型溶液有如下几种：①王水，用于消化测定 Pb、Cu、Zn 等组分的土壤样品。②$HNO_3-H_2SO_4$ 消解效果好，在对土壤样本进行处理时，首先要将样本弄湿，再加 HNO_3，消解，最后加 H_2SO_4。如果先加 H_2SO_4，容易引起碳化，样品碳化后不易溶解。消解过程中如果发现溶液呈棕色，可再加 HNO_3，至溶液清亮为止。③HNO_3-HClO_4：使用 $HClO_4$，必须格外注意，因为它与许多有机物质接触时，会产生强烈的化学反应，很容易引起爆炸或飞溅，通常一般先用 HNO_3，冷却再加 $HClO_4$，缓慢加热。消解必须在通风橱内进行，且应定期清洗通风橱，避免因长期使用 $HClO_4$ 引起爆炸。④$H_2SO_4-H_3PO_4$：这两种酸的沸点都比较高，H_2SO_4 具有氧化性，H_3PO_4 具有络合能力，能消除 Fe^{3+} 等离子的干扰。

在对土壤中可溶成分、农药进行分析时，通常采用溶剂提取分离的方法。例如，在测定酚类物质的时候，可以用水加 30％乙醇，直接从土壤中提取出含量比较低的游离酚。又如有机氯农药六六六、DDT 可用石油醚－丙酮混合液提取。

(二)土壤监测结果的要求

土壤样品的测定，属于痕量分析和超痕量分析，由于土壤所处环境的特殊性，因此，在实际应用中应特别关注其精准度。由于土壤是固、液、气三相体系，污染物进入土壤后的流动、迁移、混合比较复杂，因此采样点不同，监测结果也会差异很大。因此，土壤样品监测的采样误差范围为 10％～20％。各污染项目的测定结果以 mg/kg(烘干土)来表示。

(三)测定方法

对土壤样品进行检测，其检测方法与对水质和空气污染的检测方法基本一致。常用方法主要有以下几种。①重量法。用于土壤含水量的测量。②容量法。用来测定浸出物中含量较高的组分，如钙离子、镁离子、氯离子、硫酸根离子等。③原子吸收分光光度法。用于金属离子的测定。④气相色谱法。用于一些有机物(如有机氯、有机汞、有机磷等)农药的测定。⑤电感耦合等离子发射光谱法。用于测定金属元素。⑥原子荧光法。用于测定砷硒汞锑铋等。⑦电极法。用于测定氟化物、氧化还原电位等。⑧波长色散 X 射线荧光法，主要测定无机元素。⑨气相色谱－质谱法。测定有机氯农药、多环芳烃等。⑩液相色谱法。用于测定多环芳烃、醛、酮类化合物、苯氧羧酸类农药等。⑪液相色谱－质谱法。主要用于测定半挥发性有机物。

（四）土壤监测实例

1. 土壤含水量测定

对于干燥后的土壤，不管是使用新鲜的还是自然干燥的，都必须测量出其水分含量，这样才能根据干燥后的土壤中的各种成分来确定其含量。具体测定方法为：用1/100精度的天平称取土样20～30g，置于铝盒中，在105℃下烘干4～5h至恒重。可按下式计算土壤含水量：

$$水分\% = \frac{烘干前土的质量－烘干后土的质量}{烘干后土的质量} \times 100\%$$

2. 土壤中Zn、Cu、Cd的测定（AAS法）

（1）标准溶液制备

制备各种重金属标准溶液常用光谱纯试剂，溶解土样中的各种酸时都选用高纯或光谱纯级试剂，稀释用水为去离子蒸馏水。在使用浓度低于0.1mg/mL的标准溶液时，应该在使用之前配制或稀释，并要立即使用。在贮存过程中，当出现混浊、沉淀物时，应重新调配。

（2）土样的预处理

称取0.5～1g土样放在坩埚中，用少许水湿润，加入HCl在电热板上加热消解（低于450℃，防止Cd挥发），加入HNO，继续加热，再加入HF加热分解SiO及胶态硅酸盐。最后加入HClO，加热（低于200℃），蒸至近干，冷却后用HNO，浸取残渣、定容。同时，做全过程空白实验。

（3）Cu、Zn、Cd标准系列混合溶液的配制

各元素标准溶液是通过逐次反复稀释其标准制备溶液得到的。标准系列混合溶液中各元素的浓度应在表5-6中所列的相应浓度范围内。

注意：在配制标准系列溶液时，所用酸和试剂的量应与待测液中所含的酸和试剂的量相等，以减少背景值吸收产生的影响。

（4）采用AAS法测定Cu、Zn、Cd

测定的工作参数见表5-6。

表 5-6 Cu、Zn、Cd 工作参数

	Cu	Zn	Cd
适测浓度范围(μg/mL)	0.1～10	0.05～2	0.05～2
灵敏度(μg/mL)	0.1	0.02	0.025
检出限(μg/mL)	0.01	0.005	0.002
波长(nm)	324.7	213.9	228.8
空气－乙炔火焰条件	氧化型	氧化型	氧化型

(5)结果计算

$$镉或铜、锌(mg/kg) = M/W$$

式中，M ——标准曲线中查得的镉(铜、锌)含量，μg；

W ——称量土样干质量，g。

3. 土壤中铬的测定——二苯碳酰二肼分光光度法

(1)标准曲线绘制

用铬标准溶液配制标准系列溶液，测吸光值，绘制标准曲线。

(2)土样消化

称取 0.5～2g 土样放在坩埚中，用少许水湿润，加入 H_3PO_4 及 H_2SO_4，待剧烈反应后停止，置于电热板上加热至冒白烟，冷却后加入 HNO_3、HF 继续加热至冒白烟，除尽 HF，加水浸取、定容。同时，做全过程空白实验。

(3)显色与测定

在酸性介质中加 $KMnO_4$，将 Cr^{3+} 氧化为 Cr^{6+}，并用 NaN_3 除去 $KMnO_4$。加入二苯碳酰二肼显色剂，在波长为 540nm 处比色测定。

(4)结果计算

$$铬(mg/kg) = M/W$$

式中，M ——标准曲线中查得的铬含量，pg；

W ——称量土样干质量，g。

4. 土壤中苯并(a)芘的测定

取 5～10g 土样(40 目)进行乙酰化层析纸分离，然后用黄光分光光度法进行测定，测定流程如图 5-3 所示。

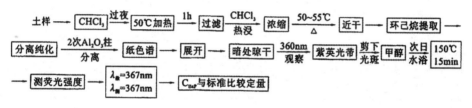

图 5-3　苯并(a)芘测定流程

5. 土壤中甲基汞(CH、Hg＋)的测定

世界土壤中汞含量的平均值为 0.03～0.1mg/kg，我国土壤汞的背景值为 0.4mg/kg。汞在土表(20mm)中以无机和有机两种形态赋存。在还原环境和嫌气微生物的作用下，无机汞可以转变成有机汞，而汞的甲基化不但可以极大地增强汞的毒性，还可以增强汞的运移能力，例如，土壤胶体对汞的吸附会变弱，甲基汞更容易通过空气和水中的传输等。因此，有必要加强土壤中汞尤其是甲基汞的监测。土壤中甲基汞的测定如图 5-4 所示。

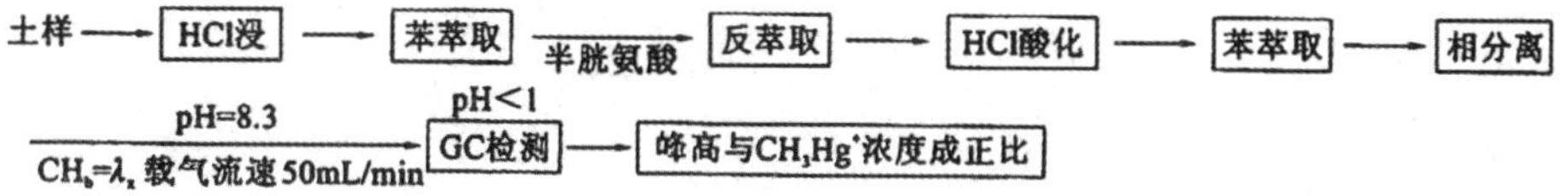

土样 → HCl浸 → 苯萃取 → 半胱氨酸 → 反萃取 → HCl酸化 → 苯萃取 → 相分离

pH=8.3 → $CH_4=\lambda$、载气流速50mL/min → GC检测(pH<1) → 峰高与CH_3Hg^+浓度成正比

图 5-4　甲基汞测定流程

第六章

生物污染监测技术

生物是环境的要素之一。因为生物的生存与大气、水体、土壤等环境因素之间存在着密切的联系，有机体在吸收这些环境因子中的养分和水的同时，也吸收了被污染的物质，并在体内积累，所以，生物体监测的结果可在一定程度上反映出生物体对环境污染物的吸收、排泄和积累情况，也从一个侧面反映出与生物生存相关的大气污染、水体污染以及土壤污染的程度。

第一节　生物污染监测概况

一、生物污染途径

生物体受污染的途径主要有如下三种形式。

（一）表面附着

表面粘附是一种污染物粘附到有机体上的一种现象。例如，大气中的各种有害气体、粉尘、降尘随着飘逸和尘降而散落在农作物的表面并被叶片吸附，最终造成农作物的污染和危害。水体中的污染物附着在鱼、虾等水生生物体表、口腔黏膜，使水生生物受到毒害。

（二）生物吸收

大气、水、土壤等环境介质中的污染物，通过有机体的各个器官，既可以被主动吸附，也可以被被动吸附。

植物通过气孔来吸附气体污染物，如叶片上的气孔可以持续地吸附少量的氟化物，这些氟化物会通过蒸发过程被输送到叶片的边缘或顶部，当这些氟化物达到一定浓度时，就会引起植物的死亡。土壤和水体中的污染物也可以通过根系被植物吸收，吸附量的大小与污染物的性质、含量、土壤特性、植被类型等有很大关系。例如，用含镉的污水灌溉水稻，水稻将从根部吸收镉，并在水稻的各个部位积累，造成水稻的镉污染。

动物吸收污染物主要指由呼吸道吸收气态污染物、小颗粒物，由消化道吸收食物和饮水中污染物，由皮肤吸收一些脂溶性有毒物。吸入的空气中的污染物，经肺脏进入大循环后，再经肺脏进入体内；被消化道所吸附的污染物，在小肠中被吸收（根据被吸附物质的性质而定），经过肝脏，进入血液大循环；污染物质被皮肤吸收后，可以直接进入血液循环。

（三）生物积累

生物累积作用又被称为生物浓缩作用，是指有机体从生存环境中持续地吸收低剂量的有害物质，并逐步地在其体内进行浓缩或累积的能力。大气、土壤、水体及其他环境中都存在着微生物，环境中的污染物可以通过生物代谢进入微生物体内，使其体内污染物的含量比环境高很多，这就是微生物浓缩。另外，环境中的污染物还可以通过生物的食物链进行传递和富集。

污染物在食物链的每次传递中都可能得到一次浓缩，甚至会引起中毒效应。人处于食物链的最底层，若长期摄入受污染的有机物，将会在体内不断累积、富集，引起慢性中毒。震惊世界的环境公害事件之一的日本熊本县"水俣病"，就是因为水俣湾当地的居民较长时间内食用了被周围石油化工厂排放的含汞污染废水污染了的鱼、虾、贝类等水生生物，造成大量居民中枢神经中毒，甚至死亡，这是由含汞废水进入食物链而造成的对人体的严重毒害事件。

二、污染物在生物体内的分布

污染物经多种途径进入生物体后，其在生物体内的分布及富集程度并不一致，因此，要实现对生物污染物的准确采样，并选取合适的检测手段，以获得更具代表性、更具可比性的生物污染物，就必须对其在生物体内的分布有一个清晰的认识。

（一）污染物在动物体内的分布

人和其他动物通过多种途径将环境中的污染物吸收，吸收后的污染物大部分与血浆蛋白结合，随着血液循环到各组织器官，这个过程称为分布。污染物的分布有明显的规律：一是先向血流量相对多的组织器官分布，然后向血流量相对少的组织器官转移，如肝脏、肺、肾这些血流丰富的器官，污染物分布就较多；二是污染物在体内的分布有明显的选择性，多数呈不均匀分布，如动物铅中毒后2h，肝脏内约含50%的铅，一个月后，体内剩余铅的90%分布在与它亲和力强的骨骼中。

形成污染物在体内分布不均匀的另一原因是机体的特定部位对污染物具有明

显的屏障作用。例如，血—脑屏障可有效阻止有毒物质进入神经中枢系统；血—胎盘屏障可防止母体血液中一些有害物质通过胎盘从而保护胎儿。污染物在动物体内的分布规律见表 6-1。

表 6-1　污染物在动物体内的分布规律

污染物的性质	主要分布部位	污染物
能溶于体液	均匀分布于体内各组织	钾、钠、锂、氟、氯、溴等
水解后形成胶体	肝或其他网状内皮系统	镧、锑、钍等二价或四价阳离子
与骨骼亲和性较强	骨骼	铅、钙、钡、等二价阳离子
脂溶性物质	脂肪	六六六、滴滴涕、甲苯等
对某种器官有特殊亲和性	甲状腺脑	碘、甲基汞、铀等

由于动物体内的代谢，污染物在动物体内的分布情况也会有所变化。初期在血液充足及易透过细胞膜的组织或器官中，然后逐渐重新分布到血液循环较差的部位；有的污染物经过体内的代谢能够解除其毒性，而有的却会增强其毒性。例如，农药 1605 在体内被氧化成农药 1600 后，毒性会增强。

(二)污染物在植物体内的分布

污染物进入植物体内后，其在植物体内的分布与污染途径、污染物质的特性以及植物的品种有很大的关系。

如果植物经过叶子吸收了空气中的污染物质，那么它们就会与叶子直接接触，并通过叶面气孔吸收，因此这些污染物在叶中分布最多。如在二氧化硫污染的环境中生长的植物，它的叶中硫含量高于本底值数倍至数十倍。

从土壤、水体中吸收到的污染物，其在植株体内的分布总体上为根部＞茎部＞叶片＞穗部＞壳部＞籽部。表 6-2 是某科研单位利用放射性同位素对水稻进行试验的结果。由表 6-2 可知，水稻根系部分的含镉量占整个植株含镉量的 84.8％。

植物在不同的生长发育期与同一污染物接触，残留量也会有差别。如某农业大学根据对比试验，发现在水稻抽穗后喷洒农药，稻壳中的农药残留量会有明显的增加。

但是，也有不符合上述规律的特殊情况。①不同的作物对重金属的吸收分配存在差异，例如，在被镉污染的土壤中种植萝卜或胡萝卜，根部的含镉量就低于叶部。②不同性质的污染物在同种植物中的残留分布也有不相同的，如接触了西维因(一种有机农药)的苹果，果肉中的残留就多于果皮。

表 6-2　成熟期水稻各部位中的含镉量

植株部位		放射性计数/[脉冲/(min·1g 干样)]	含镉量		
			μg/g 干样	%	Σ%
地上部分	叶、叶鞘	148	0.67	3.5	15.2
	茎秆	375	1.70	9.0	
	穗轴	44	0.20	1.1	
	穗壳	37	0.16	0.8	
	糙米	35	0.15	0.8	
根系部分		3 540	16.12	84.8	84.8

残留分布情况也与污染物的性质有关。表 6-3 列举了水果中残留农药的分布。

农药	果实	残留量/%	
		果皮	果肉
$p，p'$-DDT	苹果	97	3
西维因	苹果	22	78
敌菌丹	苹果	97	3
倍硫磷	桃子	70	30
异狄氏剂	柿子	96	4
杀螟松	葡萄	98	2
乐果	橘子	85	15

植物从大气中吸收污染物后，在植物体内的残留量常以叶部分布最多。表 6-4 列出了使用放射性对蔬菜进行试验的结果。

表 6-4 氟污染区蔬菜不同部位的含氟量   单位/ppm($\times 10^{-6}$)

品种	叶片	根	茎	果实
番茄	149	32.0	19.5	2.5
茄子	107	31.0	9.0	3.8
黄瓜	110	50.0	—	3.6
菜豆	164	—	33.0	17.0
菠菜	57.0	18.7	7.3	—
青萝卜	34.0	3.8	—	—
胡萝卜	63.0	2.4	—	—

三、污染物在生物体内的迁移

（一）污染物在动植物体内的转移

1. 污染物在动物体内的转移

污染物在动物体内的转移过程是一个极其复杂的过程，但是污染物无论通过哪种途径进入生物机体，都必须通过各种类型的细胞膜才能进入到细胞，并选择性地对某些器官产生毒性作用。因此，首先应了解生物膜的基本构成和污染物通过细胞膜的方式。

污染物在生物膜中以被动运输为主，其次为主动运运、胞饮和吞噬。被动运输是一种将污染物从高浓度一面转移到低浓度一面的跨膜运输过程，它包含了简单的扩散与过滤两种过程；主动转运又称为逆浓度转运。其特点为：需要蛋白质的载体作用，载体对污染物有特异选择性；需消耗能量；受载体转运能力限制，当载体转运能力达到最大时有饱和现象；有竞争性；当膜一侧的污染物转运完毕后转运即停止。某些金属污染物，如铅、镉、砷和锰的化合物，可通过肝细胞的主动转运，将其送入胆汁内，使胆汁内的浓度高于血浆中的浓度，有利于污染物随胆汁排出。

2. 污染物在植物体内的转移

大气、土壤、水中的污染物只有进入植物体内才能对植物造成损害，植物一般是通过根系和叶片将污染物吸入体内的。土壤、灌溉水中的污染物主要是通过植物根系吸收进入植物体内的，再经过细胞传递到达导管，随蒸腾流在植物体内转移、分布，最终使植物受到污染和危害。植物生长所需的物质元素也是通过这种方式转运的。

（二）污染物在动植物体内的积累

任何机体在任何时刻内部某种污染物的浓度水平取决于摄取和消除两个相反过程的速率，当摄取量大于消除量时，就会发生生物积累。

当生物积累达到一定程度时，就会引起生物浓缩。生物浓缩使污染物在生物体的浓度超过在环境中的浓度，如水生生态系统中的藻类和凤眼莲等对污染物的积累、浓缩，使污水得到净化，同时使藻类和凤眼莲体内的污染物高于水体。由于生物具有积累、浓缩污染物的能力，因此，进入环境中的毒物，即使是微量，也会使生物尤其使处于高营养级的生物受到危害，直接威胁人类的健康。例如，1956 年 4 月发生在日本熊本县的"水俣病"就是由于生物的积累、浓缩作用，最终使人受到毒害。

（三）污染物的排泄

排泄是指体内物质和代谢物的一种排出体外的过程，是人体解毒的一种途径。排泄器官包括肾脏、肝脏、胆汁、小肠、肺、外分泌腺等。

肾脏排泄：肾脏是污染物及其代谢产物排泄的主要器官。汞、铅、铬、镉、砷以及苯的代谢产物等大多数随尿排出。

肝胆排泄：肝脏和胆道也是人体内污染物排泄的主要通道。一般情况下，这些小分子物质是由肾脏分泌出来的，而大分子化合物经胆道排泄。因此，肝胆系统可视作肾脏的补偿性排泄途径，如甲基汞主要通过胆汁从肠道排出。

呼吸道排泄：许多经呼吸道进入机体的气态物质以及具有挥发性的污染物，如一氧化碳、乙醇、汽油等，以原形从呼吸道排出。

其他排泄：有些污染物能通过简单扩散的方式经乳腺由乳汁排出，如铅、镉、亲脂性农药和多氯联苯就是由乳汁排出的。还有的能够经唾液腺和汗腺排出。

第二节　生物样品的采集、制备和预处理

生物污染监测同其他环境样品的监测大同小异，一般都要经过样品的采集、

制备、预处理和测定等环节。由于生物污染的含量一般较低，要使分析结果正确地反映被测对象中污染物的实际情况，除了选择灵敏度和准确度高的方法外，正确地采集和处理样品也是非常关键的环节。

一、微生物样品

在收集微生物样本时，应严格按照常规的无菌化处理的基本要求，并在运输和储存过程中严格保证不被污染。

一般江、河、湖泊、水塘、水库、浅层地下水可取水样 500～1 000mL。医院废水、高浓度有机废水可取 100～500mL。取样一般用无色硬质具磨塞玻璃瓶，经高压灭菌器灭菌后备用。

（一）自来水采样

自来水采样须先用清洁棉花将自来水龙头擦拭干，然后用酒精灯或酒精棉花球灼烧灭菌，再将龙头完全打开放水 5min 左右，以排除管道内积存的死水，而后将龙头关小，打开采样瓶瓶塞，以无菌操作进行。如果水样中有余氯，那么在未灭菌前，将采样瓶按照每采 500mL 水样加 3% 硫代硫酸钠溶液 1mL 的量，提前加入采样瓶内，以便消除采样后水样内的余氯，以防止其持续存在杀菌作用。

（二）江、河、湖泊、池塘、水库等的采样

江、河、湖泊、池塘、水库等可利用采样器采样，器内的采样瓶应预先灭菌。用采样器采样的方法与水质化学检验方法相同。如没有采样器时，可直接将采样瓶放在上述水域中 30～50cm 深处，再打开瓶塞采样。取样后，要注意取样瓶中的水和塞子的底部留出一定的间隙，这样在取样时就可以充分地摇匀。采用相同的方式，可以采集高浓度的有机废水和医院的废水样品。

水样在采集后应立即送检，一般从取样到分析不得超过 2h，条件不允许时，也应冷藏保存，但最长不得超过 6h。

水样的采集情况、采样时间、保存条件等应详细记录，一并送检验单位，供水质评价时参考。

二、植物样品的采集和制备

（一）植物样品的采集

进行植物样品的采集，首先要明确监测的目的和要求，对监测对象的有关情况，如污染物及其性质、环境因素（包括污染源的地理位置、气象要素、水文资料、土壤性质及植物本身特性等）进行必要的调查与分析，然后根据需要选择采样区，并划分和确定有代表性的小区作为采样点。

1. 样品的采集原则

植物样品的采集应遵循以下几条原则。①目的性。明确采样的具体目的和要求，对污染物性质及各种环境因素（如地质、气象、水文、土壤、植物等）进行调研，收集资料，以确定采样区、采样点等。②代表性。选择能符合大多数情况和能反映研究目的的植物种类和数量。③典型性。将植物采集部位要作严格的归类，这样才能反映出需要的信息。④适时性。依据植物的生长习性确定采样时间，以便能够反映研究需要了解的污染情况。

2. 采样点的布设

在野外调研和采集数据的基础上，确定采样区，并布置样点。在选择代表植物时，通常采用梅花形布点法或平行交叉布点法，如图 6-1 和图 6-2 所示。

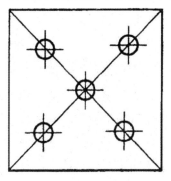

图 6-1　梅花形布点法

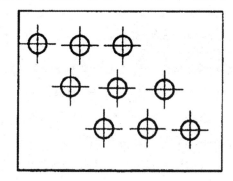

图 6-2　平行交叉布点法

当农作物监测与土壤监测同时进行时，农作物样品应与土壤样品同步采集，农作物采样点就是农田土壤采样点。

3. 样品采集方法

针对不同的植物样品，可选择的采样方法如下。①在选定的小区中以对角线五点采样或平行交叉间隔采样，采取 5~10 个样品混合组成。②取样时间宜选在无风的晴天，下雨后不宜取样。取样时要避免病虫及其他特殊植物，如采集根部样品，在清除根上的泥土时，不要损伤根毛。③用清水洗去附着的泥土，根部要反复洗净，但不准浸泡。④同时采集植株根、茎、叶和果实时，应现场分类包装，避免混乱。⑤蔬菜样品，若要进行鲜样分析，尤其在夏天时，水分蒸发量大，植株最好连根带泥一同挖起，或用清洁的湿布包住，以免萎蔫。⑥采集好的样品应贴好标签，注明编号、采样地点、植物种类、分析项目，并填写采样登记表(表 6-5)。

表 6-5　植物样品采样登记表

| 采样日期 | 采样地点 | 样品名称 | 编号 | 采样部位 | 物候期 | 土壤类别 | 灌溉情况 | | | 分析部位 | 分析项目 | 采样人 |
							成分	浓度	次数			

4. 采样量

根据污染物特点及各分析项目的要求，确定采样量，即保证在样品预处理后有足够数量用于分析测试等，一般需要 1kg 左右的干物重样品。对于含水量为 80%～95% 的水生植物、水果、蔬菜等新鲜样品，则取样应比干样品多 5～10 倍。

(二)植物样品的制备

从现场采集回来的样本为原始样本，样本的选择要符合检测项目的需要。例如，对于粮食类，充分混匀后平铺于玻璃板或木板上，用四分法取样，瓜果、块根类可切成 4～8 块，再各取 1/8～1/4 混合，所选取的平均样品经加工处理，制备成分析用的试样，称为分析样品。

测定植物体中容易转化或降解的物质，如酚、氰、有机农药等项目时，应采用新鲜样品进行分析。

制备干样品时，要将经洗净、风干的样品放在 60～70℃ 的鼓风干燥箱或低温真空干燥箱中烘干，以免发霉腐烂。试样经干燥后，除去尘埃及杂质，切成小块，并用电子研磨机研磨及过滤(通过 1mm 或 0.25mm 的筛孔)。各类作物的种子样品如稻谷等，要先脱壳再粉碎，然后根据分析方法的要求分别通过 40～100 目的金属筛或尼龙筛，粉碎后的样品储存于磨口的广口瓶中备用。

用于测定金属元素的样品，在整个制备过程中要防止金属的污染，最好不用钢制的粉碎机，而用玻璃研钵碾碎，尼龙筛过筛，聚乙烯瓶保存。

分析结果常以干质量为基础，比较各试样中待测成分的含量（如 mg/kg，干质量），因此在制备样品的同时，需要测定试样的含水量，计算干样品的含量。在测定水分含量时，通常采用的是烘干法，也就是称取一定量的分析样本，在 100～105℃下烘至恒重，以湿重计算含水量。在 100～125℃ 条件下含有能热分解物质的样品，可在真空干燥箱中低温烘至恒重。含水量很高的浆果和幼嫩蔬菜等，则以鲜重计算为好。

（三）植物样品的保存

采集好的样品装入布袋或塑料袋，带回实验室后，再用清洁水洗净，然后立即放在干燥通风处晾干或鼓风干燥箱烘干，新鲜样本使用后，需要即时处理及分析，当日未能处理及分析完毕的样本，需要暂放于冷藏中。

三、动物样品的采集和制备

（一）尿液

尿检在医学临床中应用较为广泛，由于大部分的毒物及其代谢产物都是从肾脏经膀胱、尿道与尿液一同排泄出来的，而且尿液的采集也很容易，因此尿液检测在动物污染的监测与临床上都有很好的应用。采集尿液的采样器一般由玻璃、聚乙烯、陶瓷等材料制成。采样器使用前应用稀硝酸浸泡，再用自来水、蒸馏水洗净、烘干。由于尿液中的排泄物早晨浓度较高，因此定性检测尿液成分时，应采集晨尿，如测定尿中的铅、镉、氟、锰等应收集 8h 或 24h 尿样。

一般一次收集早晨的尿液，也可分别收集 8h 或 24h 的尿样。

（二）血液

血液主要用来检验铅和汞等重金属、氟化物、酚等。采样器一般为硬质玻璃试管，先用普通水洗净，再用 3％～5％ 的稀硝酸或稀醋酸浸泡洗净，最后用蒸馏水洗净，烘干备用。采集血液样品时，除急性中毒外，一般应禁食 6h 以上或在早餐前空腹采血。一般取的都是静脉或末梢的血液。如果使用微量的方法，可以用手指或耳朵的血液。可选用不锈钢针的玻璃管，而采用铂金和钉合金等制作的针筒则更有利于避免样本被污染。在取样过程中，不能把污染物质带入针尖。采集血液的器皿要用10%的硝酸清洗干净，再加抗凝血剂和防腐剂。所取血液样品可于4℃保存。

实验室常将血液分为全血、血清及血浆三部分。当血液从身体抽出后，静置于管内让血液凝固，此时上清液部分称为血清；若在血液收集瓶中加入适当的抗凝剂以防止血液凝集，称为全血；全血经离心沉淀血细胞后，上清液部分称为血浆。

（三）毛发和指甲

污染物在动物皮毛、爪子和人的头发、指甲等组织中长期积累，尤其是毛发，在血液、尿液中的污染物浓度降低后，仍然可以被检测到。此外，毛发、指甲等样品容易收集并保存，而某些污染物（如汞、砷等）在人体毛发中的蓄积量远高于尿中的浓度。因此，毛发就成了现在检测污染的主要对象。采集头发最好在后颈部，从头皮上25mm处取样1~3g。毛发样品采集后必须去污，一般先切成2~3mm依次在乙醚、丙酮中浸泡10min，沥尽后干燥，再用5%十二烷基磺酸钠洗涤。指甲样品先用不锈钢刀刮净，再用巴比妥酸－铵缓冲液（pH＝7.35）－吐温－80溶液或特立顿X－100（1%溶液）洗净，也可用中性洗衣粉（10%溶液）在室温下浸泡4h，以洗去油污，用水洗净后再用丙酮浸泡，干燥后备用。

（四）器官及组织

动物器官和组织对污染物的富集与毒理学的研究已经比较成熟，利用器官和组织样本能够对环境污染进行高灵敏度、高精度的测量。然而，某些器官软弱易碎，因此，对其进行采样时，必须谨慎处理，采样工具应以样品的欲测成分不增加为原则。可以使用不锈的解剖刀，世界卫生组织建议使用硅质的刀片和塑料的镊子。收集的样本通常在10g以上。肝、肾、心、肺等组织自身的均匀性较差，否则应确定统一的采样部位。

制备组织样品时，取3~5g新鲜组织，用冰冷的蒸馏水洗涤后，再用冰冷的磷酸盐缓冲溶液（0.1mol/L，pH＝7.4）洗涤，弃去洗涤液后，置于捣碎机中，加入少许冰冷的蒸馏水，即成组织糜或组织匀浆。若以1∶2的比例，在组织糜或组织匀浆中加入上述冰冷的磷酸盐缓冲液并混匀，经离心沉淀后的上层清液即为组织提取液。制备好的组织糜、组织匀浆及组织提取液，均应置冰浴中冷藏备用。

四、生物样品的预处理及污染物分析方法

在对生物样本进行分析之前，需要对样本进行分解，对待测组分进行富集和分离，或对干扰组分进行掩蔽等，目的是消除生物样品中含有的大量有机物（母质），使污染物的检测达到监测方法的检测灵敏度或检测范围。生物样品的预处理有消解与灰化、提取和分离、浓缩等。测定方法种类很多，需根据待测物的性质和实验室的条件进行选择。通常情况下，生物体中的污染物质与水质分析方法相同，通常选用高灵敏度的分析仪器和分析方法进行分析测定。

（一）消解

消解法也被称为湿法氧化或消化法，是利用硫酸、硝酸或高氯酸等一种或两种或两种或以上的混酸，与生物体一起加热，将有机物分解成二氧化碳和水，将待测组分转变成无机盐，并将其保存在消解液中，从而进行分析。在发酵过程中，为了加速发酵，在发酵过程中，经常要添加一些氧化剂或催化剂，如过氧化氢、高锰酸钾、五氧化二钒、过硫酸盐、硫酸铜、银盐等。

与干式发酵相比，湿式发酵具有降解速率更快、处理时间更短、升温温度更低等优点。但是，因为发酵过程中会释放出很多毒气，所以需要在一个通风的柜子里进行。同时，由于样品中有机物含量较高，特别是高纤维、高脂肪样品，在水解时会产生大量的气泡，且处理时间较长，存在样品消耗量大、空白值高等问题，因此，要尽可能避免剧烈的消化。

（二）灰化

灰化法，也叫"焚烧"或"高温分解"，是指按照被测物质的性质，选择铂、石英、银、镍、铁或瓷质坩埚，将一定数量的生物试样，通过加热，将其中的有机物依次脱水、分解、灰化和氧化，然后将其放入炉子（450～550℃）中，直到灰化完成，得到白色或淡灰色的残留物。

该方法具有有机质降解充分、操作简便、不添加或少量添加化学试剂、空白值小等优点。同时，燃烧后的灰分含量很低，可以对大量的样本进行处理，从而达到对被测物的富集。但其不足之处在于，其灰解所需的时间比较长，而且在高温下灰解时，会导致一些挥发性成分的流失，而且一些被测物质还会被坩埚吸

附。所以，在被测组分易挥发的情况下，应该在低温下进行灰化；当坩埚发生吸附作用时，要添加一种助灰剂，如添加氧化镁或硝酸镁，可将硫磷转变成镁盐，降低其与坩埚的相互作用，可将砷转变成不易挥发的焦砷酸镁；加入硫酸或硫酸盐可使某些易挥发的氯化物（如氯化铅、氯化镉）变为硫酸盐。

（三）提取

利用样本中各种成分在某种溶剂中溶解性的差异，把一个或一些成分抽取到一种溶剂中，这就是所谓的溶剂萃取。其中，利用合适的溶剂，从固态样品中抽取待测成分，被称为浸出（也叫液－固萃取）；用合适的溶剂从液样中抽取待测物质，或者将待测物质从一种溶剂中移至下一种溶剂，这种方法被称作液－液萃取，前者起到提取作用，而后者起到分离和富集作用。

1. 浸提法

应根据样品的种类、待测组分存在状态和特性以及后续测定手段选择提取剂和提取方法。一般按"相似相溶"原则选择提取剂。萃取剂必须具有较低的毒性和较高的纯度，并且廉价和容易获得。萃取液的沸点为 $45\sim80℃$，过低时易挥发，过高时不能有效地浓缩，过高时不能有效地分离。常用的萃取剂包括正己烷、石油醚、乙腈、丙酮、苯、二氯甲烷、三氯甲烷、二甲基甲酰胺等，也可以用混合溶剂进行萃取。常用的提取方法有振荡浸取、捣碎提取、索氏提取和球磨提取法等。

2. 萃取提取法

萃取技术是一种从体液、尿液、乳液等液态生物样本中获取待测物质的方法。传统的萃取方法是采用两相分离的方法，以乳液为原料，通过混合乙醇和草酸盐的振动使其破碎，然后以乙醚－石油醚的振动方式将其分离出来。

（四）分离

不管是对生物样本进行有机质基质的分解，还是对待测成分的提取，都会产生干扰物质。比如，消化液中可能会被检测到的干扰元素；在提取过程中，由于对油脂、蜡质、色素等物质进行了提取，因此对农药残留的检测造成了很大的影响。所以，在测量前，一定要先将杂质分离出来。萃取分离、层析分离、磺化与皂化分离、沉淀分离等是最常见的分离方法。

1. 萃取分离

液－液萃取已是熟知的分离操作，对待测金属元素的萃取常使待测金属离子形成螯合物，用有机溶剂萃取，如双硫腙－氯仿、二乙基二硫代氨基甲酸钠－四氯化碳、吡咯烷二硫代氨基甲酸铵－甲基异丁基酮等体系。分离有机待测物主要依据极性的大小选择萃取剂。

在提取过程中，通常要进行几次操作，方可使其充分分离。在使用比水更轻、从水溶液中提取分散性较小或者在振动条件下容易产生乳化等情况下，可以使用连续式萃取器。在圆锥瓶中，将有机溶剂加热，使其蒸发，并通过抽提器侧管流送到冷凝器中进行凝结。凝结后的溶剂通过萃取器中心管道流入到被萃液层的底部，并随着溶剂的上升而通过被萃液层，对被萃液层进行了萃取。将提取物回流到圆锥瓶中，重新蒸发。通过这样的重复操作，可以将所有待测成分都萃取到有机溶剂中。

2. 层析分离

层析分离指的是在支持物上对组分进行分离的一种统称，按照分离介质的不同，它可以被划分为柱层析、薄层层析和纸层析等。当生物样品的待测液通过装有吸附剂的层析柱后，因为吸附剂对各组分吸附能力的差异，选择合适的溶剂淋洗，各组分即可相继流出而分离。如聚酰胺、纤维素、硅酸镁、氧化镁、活性炭、硅藻土经过活化后，对一些物质都有一定的吸附性能。比如，聚酰胺具有较好的染料吸附性能，活性镁硅酸盐常被应用于农药的分离和净化。

3. 磺化与皂化分离

磺化与皂化分离是待测液去除油脂的一种方法，常用于农药测定液的净化。

磺化法是用浓硫酸对油脂和蜡质等其他物质进行磺化处理，得到具有强烈极性的磺酸基化合物。在此过程中，再也不会因弱极性的有机溶剂而发生溶解和分离。该法操作简单，速度快，分离效果好，但只适合在强酸性条件下较稳定的油脂和蜡质中分离。

皂化法是利用油脂能与强碱发生皂化反应，生成水溶性的脂肪酸盐，以热碱溶液处理生物样品提取液，除去脂肪等干扰物。

4. 沉淀分离

沉淀分离法是在沉淀的基础上，通过过滤或离心的方法，将沉淀物从母液中分离出来。可以通过添加沉淀剂来沉淀被测成分，或者沉淀被测成分；另外，还可以根据被测物质和被测物质在同一种溶剂中的溶解度随着温度的改变而改变的方法来进行沉淀分离。采用低温沉淀法进行分离，具有有机物基本不变、分离效果好等特点。

5. 色谱法

按色谱方法可分为柱色谱、薄层色谱和纸色谱三种方法，而柱色谱是最常用的方法。如在测定粮食中的苯并[a]芘时，先用环己烷提取，然后将提取液倒入氧化铝-硅镁型吸附剂色谱柱中，提取物被吸附剂吸附，再用苯进行洗脱，这样就可将苯并[a]芘从杂质中分离出来。

此外，待测组分分离还可采用汽提法、液上空间法和蒸馏法等。其中，汽提分离法是借助向待测液通入净化气体，将待测液体中的挥发性组分进行分离和分析的方法。蒸馏法是根据被测溶液中各组分挥发度的差异，对被测溶液进行分离的一种方法，它可以用来去除干扰成分，也可以用来对被测物质进行蒸馏，从而使被测物质挥发掉，从而获得被测物质。

（五）浓缩

常用的浓缩方法有蒸发、蒸馏、减压蒸馏、K-D浓缩器浓缩等。由于大多数生物样品中的有机污染残留物均有毒、易挥发，并且含量极低，为了防止其分解损失、保护操作人员，多采用高效的K-D浓缩器进行浓缩，一般控制水浴温度在50℃以下，最高不可超过80℃。注意切不可将提取液蒸干，若需进一步浓缩时，则改为微温蒸发。

第三节　生物污染监测方法

环境中的污染物可以通过大气、水、食物等途径通过呼吸道、口腔或皮肤等途径被生物体吸收、转化和累积。对有机体中的污染物进行检测，不仅可以反映出有机体所受到的污染物的危害，还可以反映出有机体所受到的环境污染，还可以为人们减少食入的污染物提供依据。生物污染监测指的是运用多种检测方法，对生物体中的危险物质进行测定，并对其受到的污染情况进行及时的了解，从而制定出相应的对策，提高生物生活环境的质量，确保生物食品的安全性。

经过预处理的生物样品，即可进行污染物的分析测定。由于生物样品中污染物的含量一般很低，因此，需要用现代分析仪器进行痕量或超痕量的高精度分析。

常用的分析方法有光谱分析法、色谱分析法、电化学分析法、放射分析法以及联合检测技术（GC－MS、GCFTIR、LC－MS等）。本节简单介绍光谱分析及色谱分析在生物污染监测中的应用，并通过一些监测实例介绍有关生物样品中污染物的监测方法。

一、光谱分析法

光谱分析法包括可见－紫外分光光度法、红外分光光度法、荧光分光光度法、原子吸收分光光度法、发射光谱分析法、X射线荧光分析法，在此仅简要介绍在生物污染监测中的应用，见表6-6。

二、色谱分析法

色谱分析法包括薄层层析法、气相色谱法、高压液相色谱法等，是对有机物进行分离检测的常用方法，见表6-6。

表6-6　光谱分析和色谱分析的应用

分类	方法	应用
光谱分析法	可见—紫外分光光度法	测定有机农药、酚类杀虫剂、芳香烃、共轭双键等不饱和烃、氰等有机化合物及汞、砷、锅、铬、镉、铅、氟等元素
	红外分光光度法	鉴别有机污染物的结构并进行定量测定
	荧光分光光度法	测定银、镉等多种金属元素及农药1605等多种有机化合物的含量
	原子吸收分光光度法	镉、汞、铅、铜、锌、镍、铬元素的定量分析
	发射光谱分析法	对多种金属元素进行定性、定量分析
	X射线荧光分析法	多元素分析，特别是硫、磷等
色谱分析法	薄层层析法（与薄层扫描仪联用后可定量测定）	对多种农药进行定性和半定量分析
	气相色谱法（应用最广泛）	食品、蔬菜中多种有机磷农药、烃类、酚类、苯、硝基苯、胺类、多氯联苯、有机氯等的定量分析
	高压液相色谱法	相对分子质量大于300、热稳定性差、离子型化合物的测定多环芳烃、酚类、酯类、取代酯类、苯氧乙酸类的测定

三、测定实例

（一）粮食作物中镉的测定

样品置于瓷坩埚中，于 490℃ 干法灰化，残渣用 HNO_3-HClO_4 处理成为样液。

由于在强碱性溶液中萃取时，Pb^{2+}、Hg^{2+}、Cu^{2+}、Co^{2-}、Ni^{2+}、Zn^{2+} 等易被同时萃取出来，其中的 Hg^{2+}、Cu^{2+}、Co^{2+}、Ni^{2+} 将干扰 Cd^{2+} 的测定，需进行萃取分离。用弱碱性柠檬酸铵和三乙醇胺及氨水将样液调成 $pH=8\sim9$，用 $HClO_3$ 和二乙二硫代基甲酸萃取 Pb^{2+}、Hg^{2+}、Cu^{2+}、Co^{2+}、Ni^{2+}、Zn^{2+} 等。

用 $HCl(1mol/L)$ 反萃取，使 Pb^{2+}、Cd^{2+}、Zn^{2+} 定量地转入水中与 Hg^{2+}、Cu^{2+}、Co^{2+}、Ni^{2+} 等分离。

镉与双硫腙反应生成有色配合物，再用三氯甲烷将双硫腙盐提取出来。用酒石酸钾钠、盐酸羟胺和氢氧化钠溶液将样液调至 $pH=12\sim13$，加入双硫腙氯仿使之与 Cd^{2+} 生成双硫腙配合物并被萃取，将萃取液定容。

用 20mm 比色皿，置于 518nm 处测吸光度，对照标准溶液定量。

（二）植物中氟化物的测定

(1)用碳酸钠作为氟的固定剂，于 $500\sim600℃$ 进行干法灰化。

(2)残留物加浓硫酸洗出后，用水蒸气蒸馏法控制温度于 $135\sim140℃$ 蒸馏，收集馏分。

(3)加入 $pH=4$ 的醋酸钠缓冲溶液，再加入硝酸镧与氟离子反应生成三元配合物，用 3cm 比色皿在 620nm 处测吸光度，标准曲线法定量。

（三）有机氯农药测定

(1)将生物样品捣碎，用石油醚萃取。

(2)加浓硫酸分离去有机相中的脂肪类及不饱和烃等干扰物质，经水洗后，用无水亚硫酸钠脱水干燥。

(3)进一步蒸发有机溶剂，使样液浓缩。

(4)用 $(1.8\sim2)mm\times(2\sim3.5)mm$ 玻璃柱填充 15%OV-17、1.95%QF-1/Chromosorb WAWDMCS(80~100 目)的柱分离，色谱法可测定有机氯的八种

异构体(α-六六六、β-六六六、γ-六六六、δ-六六六、p，p'-DDE 、O，p'-DDT 、
p，p'-DDD 、p，p'-DDT)的总含量。

第四节　水和大气污染生物监测

一、水质污染生物监测

早在 20 世纪初，人们就已经开始利用水生生物对水体进行监测和评价。经
过几十年的研究，已经证实了许多水生生物的个体、种群或群落的变化，都可以
客观地反映出水体质量的变化规律。在总结大量研究成果的基础上，人们提出了
许多相应的监测手段和评价方法，主要包括生物群落监测法、生物测试法、生物
残毒监测法、细菌学监测法等。

(一)生物群落监测法

生物群落监测实际上是生态学监测，即通过野外现场调查和室内研究，找出
各种环境中指示生物(特有种与敏感种)受污染所造成的群落结构特征的变化。

1. 指示生物

生物群落是由浮游生物、活体动物、底栖动物、鱼类、细菌等多种生物组成
的。其群落结构、物种及数量的变化可以很好地反映水体的质量，因而被称为指
示生物。

2. 监测方法

(1)污水生物系统法

该方法将受有机物污染的河流按其污染程度和自净过程划分为几个互相连续
的污染带，每一带生存着各自独特的生物(指示生物)，据此评价水质状况。

如根据河流的污染程度，通常将其分为四个污染带，即多污带、α-中污带、
β-中污带和寡污带。各污染带水体内存在着特有的生物种群。污水生物系统法是
由德国学者科尔克维茨(Kolkwitz)和马松(Marsson)于 1909 年提出的，用于监测
和评价河流受有机污染程度的一种方法。经过许多专家学者的深入研究，特别是
20 世纪 50 年代以后，补充了污染带的指示生物种类名录，增加了指示生物的生
理学和生态学描述，从而使该系统日趋完善。1951 年，李普曼(Liebmann)修正

和增补了污染带的指示生物名录，并划分了水质等级。他将水质分为 4 级(从 I 至 IV 级，I 级为最清，IV 级为最污)，并规定各级的代表颜色：I 级为蓝色，II 级为绿色，III 级为黄色，IV 级为红色。同时，他还绘制了各污染带的指示生物图谱。

多污带亦称多污水域，多处在废水排放口，水质浑浊，多呈暗灰色。该带细菌数量大，种类多，每毫升水中细菌数目在百万个以上，甚至达数亿个。多污带的指示生物有浮游球衣细菌、贝氏硫细菌，以及颤蚓、蜂蝇蛆和水蚂蟥等。

中污带是介于多污带与寡污带之间的中等污染水质，由于在中污带的污染程度变化较大，因此又把它分成污染较严重的 α-中污带与污染较轻的 β-中污带。

寡污带是清洁水体，水中溶解氧(DO)含量很高，经常达到饱和状态，水中有机物含量很低，基本上不存在有毒物质，水质清澈，pH 为 6～9，适合于生物的生存。

(2)生物指数法

生物指数该法是指运用数学公式反映生物种群或群落结构的变化，以评价环境质量的数值。

贝克生物指数(BI)＝2nA ＋ nB，BI＝0 时，属严重污染区域，BI＝1～6 时，为中等有机物污染区域，BI＝10～40 时，为清洁水区。

(二)细菌学监测法

1. 水样的采集

细菌水样的采集必须严格执行无菌操作，以避免在运送时受到污染，并且要及时检查。

2. 细菌总数的测定

细菌总数是指 1mL 水样在营养琼脂培养基中，于 37℃经 24h 培养后，所生长的细菌菌落的总数。它是判断饮用水、水源水、地表水等污染程度的标志。

其操作过程如下：①灭菌；②制备营养琼脂培养基；③培养(两份平行样，一份空白)；④菌落计数。

3. 总大肠菌群的测定

总大肠菌群是指能够在 35℃、48h 内使乳糖发酵产生酸、气、需氧和兼性厌氧的、革兰氏阴性的无芽孢杆菌，它是用每升水中的大肠菌群数量来表示的。

总大肠菌群的检测主要采用发酵法和过滤法。该方法可以对多种水体(含沉积物)样品进行处理,但操作烦琐且耗时。膜过滤法操作简单,速度快,但对混浊的水样不适宜。

4. 其他细菌的测定

在水体细菌污染监测中,为了判明污染源,有必要区别存在于自然环境中的大肠菌群细菌和存在于温血动物肠道内的大肠菌群细菌。为了达到这个目的,可以把它的培养温度升至 44.5℃,而在这个温度下,它还能继续繁殖,并产生乳糖和酸气,这就是大肠菌群细菌。粪大肠菌群也用多管发酵法或滤膜法测定。

二、大气污染生物监测

目前大气污染生物监测较广泛地使用植物监测法。

(一)大气污染指示生物及选择

1. 指示生物

通过对其群落结构、物种及数量等特征的分析,可将其作为大气环境质量的指标。

2. 指示生物的选择

选择那些对特定大气污染物很敏感、专一性强、有富集作用、能"早预报"、能够准确地反映出某一污染因素对人体、生物体的危害性以及环境污染对人体、生物体的综合作用的生物体,可作为指示生物。

当被污染物质入侵时,植物会出现明显的损害症状,或生长形态发生变化、果实或种子变化,以及生产力或产量变化,这种植物就是指示植物。指示植物可选择一年生草本植物、多年生木本植物及地衣、苔藓等。①二氧化硫(SO_2)污染指示植物:紫花苜蓿、棉株、元麦、大麦、小麦、大豆、芝麻、荞麦、辣椒、菠菜、胡萝卜、烟草、百日菊、麦秆菊、玫瑰、苹果树、雪松、马尾松、白杨、白桦、杜仲、蜡梅等。②氟化物污染指示植物:唐菖蒲、金荞麦、葡萄、玉簪、杏梅、榆树叶、郁金香、山桃树、金丝桃树、慈竹等。③二氧化氮(NO_2)污染指示植物:烟草、西红柿、秋海棠、向日葵、菠菜等。④O_3 的指示植物:烟草、矮牵牛花、马唐、花生、马铃薯、洋葱、萝卜、丁香、牡丹等。⑤Cl_2 的指示植物:白菜、菠菜、韭菜、葱、菜豆、向日葵、木棉、落叶松等。⑥氨的指示植物:紫藤、小叶女贞、杨树、悬铃木、杜仲、枫树、刺槐、棉株、芥菜等。⑦PAN 的指示植物:繁缕、早熟禾、矮牵牛花等。

（二）植物在污染环境中的受害症状

1. SO₂ 污染的危害症状

受害初期表现为失去原来的光泽，出现暗绿色水渍状斑点；随着时间的推移，病斑由青绿转为灰绿，并逐步失去水分而枯萎，并有明显的坏斑。阔叶植物的急性毒性表现为叶脉之间的不规则坏死点，重度时可形成条状坏死点。当单子叶植物受到危害时，它们会在两条平行的叶脉间产生点状或条带状坏死区。当针叶植物受到危害时，首先在针尖上表现为红褐色或褐色，然后逐渐恶化。

2. NOₓ 污染的危害症状

NOₓ 对植物构成危害的浓度要大于 SO₂ 等污染物。它往往与 O₃ 或 SO₂ 混合在一起显示危害症状，首先，叶子表面会有浓密的墨绿色水蚀斑点，然后，这些斑点会慢慢转变为浅黄或青铜色。病斑以大叶脉间为主，但也可向边缘扩展。

3. 氟化物污染的危害症状

首先在植株某些部位出现伤痕，再由伤痕变为暗色，最终形成褐色块状；随危害程度的增加，斑块向叶片中部发展，叶片大部分枯黄，只有叶主脉下部及叶柄附近保持绿色。

4. 臭氧污染的危害症状

臭氧对植物的危害主要体现在老龄叶片上，如出现细小点状烟斑，则是急性伤害的标志。植物长时间暴露于低浓度臭氧中，许多叶片上会出现大片浅褐色或古铜色斑，常导致叶片退绿和脱落。

（三）监测方法

1. 盆栽植物监测方法

首先，选择无污染的土壤进行盆栽，当植株达到一定的高度后，将其移位到监测地点，观察其为害情况及为害程度。

利用植物监测器(图 6-3)可准确计算空气流量，进而可估算空气中的污染物浓度。仪器分为两个隔间，A 隔间为测定室，B 隔间为对照室。将尺寸相同的指示植物分别放入两室，通过气泵将污染空气以相同的流量分别送入 A、B 室的导管，并将一个活性炭净化器串联在通往 B 室的管线中，以得到清洁的空气，在通入充足的污染空气之后，可以通过 A 室内指示植物出现的受害症状以及事先确定的与污染物浓度的相关关系来估计空气中的污染物浓度。

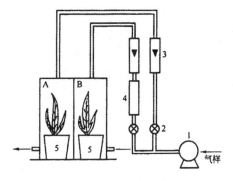

图 6-3　植物监测器

1. 气泵；2. 针形阀；3. 流量计；4. 活性炭净化器；5. 盆栽指示植物

2. 现场调查法

（1）植物群落调查法

调查现场植物群落中各种植物受害症状和程度，估测大气污染情况。

（2）调查地衣和苔藓法

地衣类、苔藓类等具有较高的生物多样性，对二氧化硫、氟化氢等污染具有较高的敏感性。可对树木主干上的地衣、苔藓种类、数量分布及生长发育进行调查，并对其进行分析。如果没有合适的树，也没有足够的岩石来观测青衣和青苔，则可采用人工种植，并放置青苔监测仪来监测。其结构及检测原理与上述指示植物监测仪基本一致，但可进一步缩小。

3. 其他监测法

还可以用生产力测定法、指示植物中污染物含量测定法等来监测大气污染。生产力测定法是利用测定指示植物在污染的大气环境中进行光合作用等生理指标的变化来反映污染状况，如植物进行光合作用产生氧的能力测定、叶绿素 a 的测定等。植物中污染物含量的测定是利用理化监测方法测定植物所吸收积累的污染物的量来判断污染情况。

第七章

环境污染防治的监测新技术

生态环境监测利用物理、化学和生物方法，对影响环境质量的因素中有代表性的因子(包括化学污染因子、物理污染因子和生物污染因子)进行长时间的监视和测定，它可以弥补单纯用化学手段进行环境分析的不足。生态环境监测技术开发建设是生态环境监测事业的基础和保障，是维护环境和生物安全必不可少的前提条件，是环保产业的重要组成部分。

第一节　自动监测技术

一、自动监测系统组成及在线自动监测仪工作流程

(一)自动监测系统组成

自动监测系统的组成包括一个中心监测站，若干固定监测分站(子站)和信息、数据传输系统。自动监测系统以在线自动分析仪器为核心，运用现代传感器技术、自动化技术、自动测量技术、自动控制技术、计算机应用技术及相关专用分析软件和通信网络进行数据采集、传输和信息控制，其构成如图7-1所示。

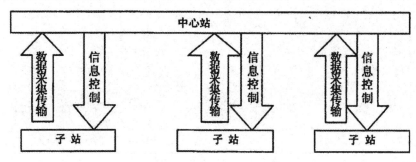

图7-1　自动监测系统组成

(二)在线自动监测仪工作流程

1. 水质自动监测仪工作流程

水样经采样器输送到分析仪预处理装置，过滤器除去细小悬浮物后，分析仪采样定容，进行各种监测项目的监测，其结果通过采集、处理和存储后传输到各监控站，其流程如图7-2所示。

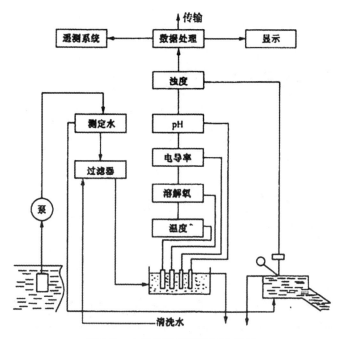

图 7-2 水质自动监测仪工作流程

2. 烟气自动监测仪工作流程

气体采样探头采集到样品后，在烟道直接监测出结果的参数通过信号传输到下方分析仪存储系统中，气体监测项目经过管路到达预处理装置，除去水分和其他杂质，由抽样泵到达分析装置，分析测定 SO_2、NO_x、O_3 等气体成分。测定结果经处理后被传输到工控机。其流程如图 7-3 所示。

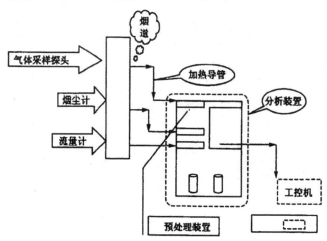

图 7-3 烟气自动监测仪工作流程示意图

二、水质自动监测技术

（一）水质自动监测系统（WQMS）

水质自动监测子站包括站房、自动监测系统、避雷系统等。图 7-4 为水质自动监测系统的子站系统示意图。

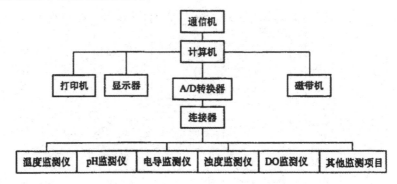

图 7-4 水质自动监测系统的子站系统

（二）水质自动监测仪器

1. 一般指标系统监测仪器

水质连续自动监测一般指标系统的监测仪器有水温监测仪（图 7-5）、电导监测仪（图 7-6）、pH 监测仪（图 7-7）、溶解氧监测仪（图 7-8）、浊度监测仪（图 7-9）等。前四项用电极法原理，浊度测定则是由水样悬浮颗粒散射的数值经电脑处理，再转化成浊度值。五参数指标系统装置如图 7-10 所示。

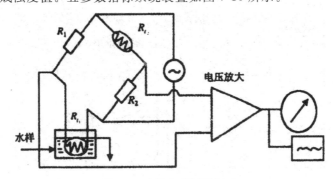

图 7-5 水温自动测量原理

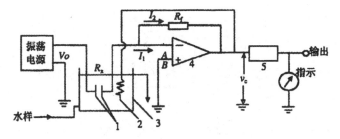

图 7-6　电流法电导率工作原理

1. 电导电极；2. 温度补偿电阻；3. 发送池；4. 运算放大器；5. 整流器

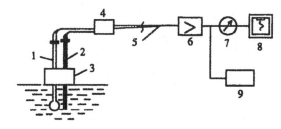

图 7-7　pH 监测仪工作原理

1. 复合式 pH 电极；2. 温度自动补偿电极；3. 电极夹；4. 电线连接箱；

5. 电缆；6. 阻抗转换及放大器；7. 指示表；8. 记录仪；9. 小型计算机

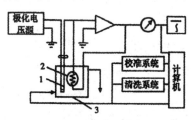

图 7-8　溶解氧连续自动测定原理

1. 隔膜式电极；2. 热敏电阻；3. 发送池

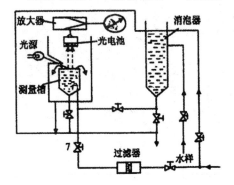

图 7-9　表面散射式浊度自动监测仪工作原理

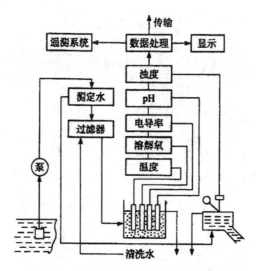

图 7-10　连续自动监测水质一般指标系统

2. COD 自动监测仪

恒流库仑滴定方法是用重铬酸钾作为氧化剂，在硫酸溶液中回流氧化水样，将多余的重铬酸钾用电解生成的亚铁离子作库仑滴定，根据电解产生亚铁离子所消耗的电量，按法拉第定律换算显示出 COD 值，如图 7-11 所示。环境监测系统中，过去地表水中 COD 采用测定 TOC，然后根据转换方程换算成 COD。近年来，河流已转换成高锰酸盐指数自动监测系统。

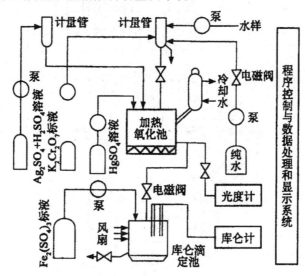

图 7-11　COD 自动监测仪测定流程示意图

3. BOD 自动监测仪

近年来研制成的微生物膜式 BOD 自动监测仪可在 30min 内完成一次测定。该仪器由液体转送系统、传感器系统、信号测量系统及程序控制、数据处理系统组成，如图 7-12 所示。

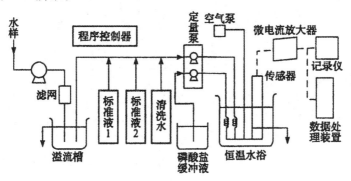

图 7-12　微生物传感器 BOD 自动监测仪原理

4. TOC 自动监测仪

总有机碳(TOC)是以碳的含量表示水体中有机物质总量的综合指标。TOC 的测定采用燃烧法，TOC 自动监测仪有单通道和双通道两种类型。单通道型仪器的流程原理如图 7-13 所示。

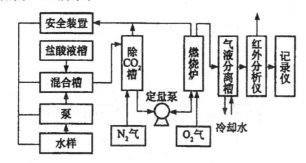

图 7-13　单通道 TOC 自动监测仪工作原理

5. 氨氮/总氮自动分析仪

氨氮自动分析仪有：①氨气敏电极电位法；②分光光度法；③傅里叶变换光谱法。自动氨氮仪等需要连续和间断测量方式，水样经过在线过滤后，测定值相对偏差较大。总氮自动分析仪有过硫酸盐消解—紫外光度法和密闭燃烧氧化—化学发光法，前者受溴化物离子的干扰，后者无干扰，被认为是自动在线监测的首选方法，测定原理为水样注入温度为 750℃ 的密闭反应管中，在催化剂的作用下，样品中含氮化合物燃烧氧化生成 NO，然后通过载气(空气)将 NO 导入化学发光检测器进行测定，仪器框图如图 7-14 所示。

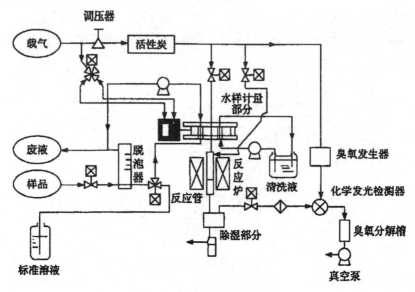

图 7-14　总氨自动分析仪流程

6. 磷酸盐/总磷自动分析仪

水中磷的测定(图 7-15)，通常按其存在的形式而分别测定总磷、溶解性正磷酸盐和总溶解性磷。

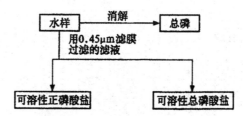

图 7-15　测定水中各种磷流程图

这类仪器主要有：①过硫酸盐消解－光度法；②UV 照射－铝催化加热消解，FIA－光度法(图 7-16)。我国的总磷自动监测仪只在水样分解方法及分解速度方面有所区别。

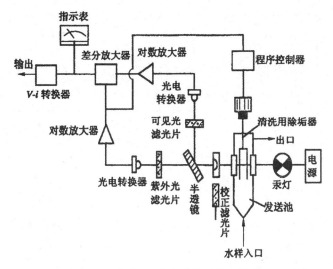

图 7-16　UV(紫外)吸收自动监测仪工作原理

三、空气质量自动监测技术

(一)空气质量自动监测系统(AQMS)

空气质量连续自动监测系统是由一个采样装置(或开放测量光路)、分析仪器、校准单元、数据采集和传输设备、有线或无线通信方式组成,如图 7-17 所示。

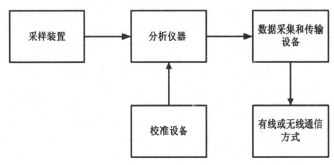

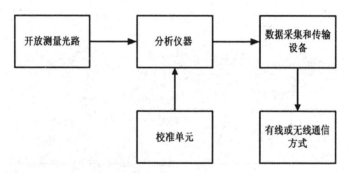

图 7-17　连续监测系统组成

空气质量自动监测系统中的各站点大多为固定站点，但有时也设有若干流动监测站、排放源监测站、遥测监测站与固定站，以互相补充成为一个完整的系统。

图 7-18 为某市地面空气连续自动监测系统子站仪器装备的框图。

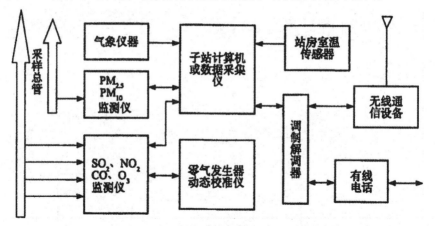

图 7-18　空气连续自动监测系统子站仪器装备

采样系统分集中采样和单独采样两种方式。实际工作中常将这两种方式结合使用。采样气路系统如图 7-19 所示。

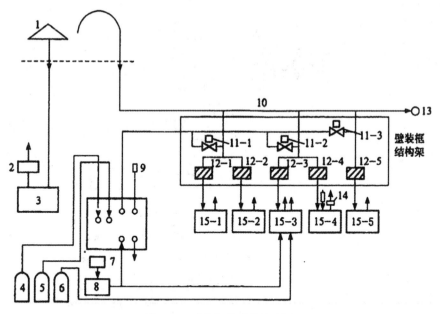

图 7-19　采样气路系统示意图

1. 采样探头；2.(14)泵；3. TSP 或 PM_{10}、$PM_{2.5}$；4. NO 瓶；5. CO 瓶；

6. C_mH_n 瓶；7. 空压机动性；8. 零气源；9. 安全阀；10. 采样玻璃总管；

11-1. SO_2、O_3 阀；11-2. NMHC 阀；11-3. CO 阀；12-1～12-5. 过滤器；

13. 抽气；15-1～15-5. 动态校正器

（二）空气污染连续自动监测仪器

1. 二氧化硫自动监测仪

（1）脉冲紫外荧光 SO_2 自动监测仪

该仪器是依据荧光光谱法原理设计的干法仪器，具有灵敏度高、选择性好、适用于连续自动监测等特点，被世界卫生组织（WHO）推荐在全球监测系统采用。

当用波长 190～230nm 脉冲紫外线照射空气样品时，则空气中的 SO_2 分子对其产生强烈吸收，被激发至激发态。脉冲紫外荧光 SO_2 自动监测仪由荧光计和气路系统两部分组成，如图 7-20 和图 7-21 所示。

（2）电导式 SO_2 自动监测仪

电导法测定空气中二氧化硫的原理基于：用稀的过氧化氢水溶液吸收空气中的二氧化硫，并发生氧化反应。

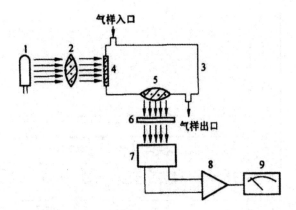

图 7-20　脉冲紫外荧光 SO₂ 自动监测仪荧光计

1. 脉冲紫外光源；2，5. 透镜；3. 反应室；4. 激发光滤光片；

6. 发射光滤光片；7. 光电倍增管；8. 放大器；9. 指示表

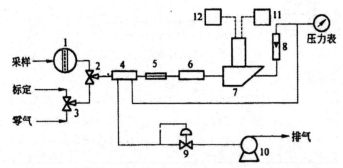

图 7-21　脉冲紫外荧光 SO，自动监测仪气路系统

1. 除尘过滤器；2. 采样电磁阀；3. 零气/标定电磁阀；4. 渗透膜除湿器；

5. 毛细管；6. 除烃器；7. 反应室；8. 流量计；9. 调节阀；

10. 抽气泵；11. 电源；12. 信号处理及显示系统

电导式 SO₂ 连续自动监测仪的工作原理如图 7-22 所示。为减少电极极化现象，除应用较高频率的交流电压外，还可以采用图 7-23 所示的四电极电导式 SO₂ 连续自动监测仪。

2. 氮氧化物监测仪

连续或间断自动测定大气中 NOₓ 的仪器以化学发光 NOₓ 自动监测仪应用最多，其他还有恒电流库仑滴定法 NOₓ 自动监测仪、比色法 NOₓ 自动监测仪。双通道化学发光式氮氧化物监测仪的流程如图 7-24 所示。

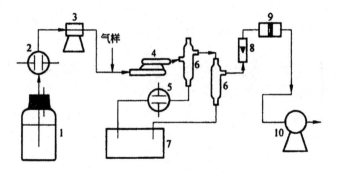

图 7-22 电导式 SO₂ 连续自动监测仪的工作原理

1. 吸收液贮瓶；2. 参比电导池；3. 定量泵；4. 吸收管；5. 测量电导池；

6. 气液分离器；7. 废液槽；8. 流量计；9. 滤膜过滤器；10. 抽气泵

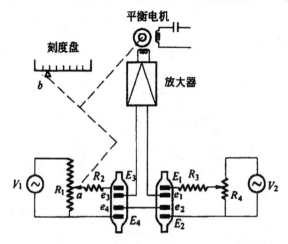

图 7-23 四电极电导式 SO₂ 连续自动监测仪

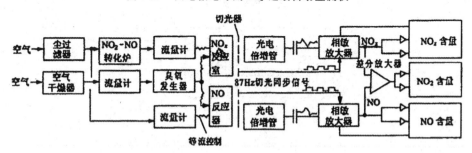

图 7-24 双通道化学发光式氮氧化物监测仪的组成

    化学发光法的原理是基于 NO 被 O_3 氧化成激发态 NO_2，当其返回基态时，放出与 NO 浓度成正比的光。用红敏光电倍增管接收可测出 NO 的浓度。对于总氮氧化物 NO 的测定，需先将 NO_2 通过钼催化剂还原成 NO，再与 O_3 反应进行测定。

3. O_3 自动监测仪

利用 O_3 分子吸收射入中空玻璃管的 254nm 的紫外光，测量样气的出射光强。通过电磁阀的切换，测量涤除 O_3 后的标气的出射光强。二者之比遵循比尔－朗伯公式，据此可得到 O_3 浓度值。图 7-25 所示为紫外吸收式 O_3 分析仪工作原理。

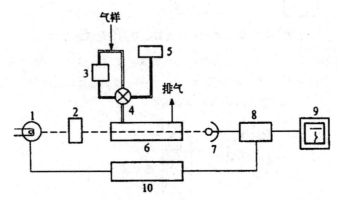

图 7-25　紫外吸收式 O_3 分析仪工作原理

1. 紫外光源；2. 滤光器；3. 除 DO 器；4. 电磁阀；5. 标准 O_3 发生器；

6. 气室；7. 光电倍增管；8. 放大器；9. 记录仪；10. 稳压电源

4. CO 自动监测仪

连续测定空气中 CO 的自动监测仪以非分散红外吸收光谱法的应用最为广泛（图 7-26）。

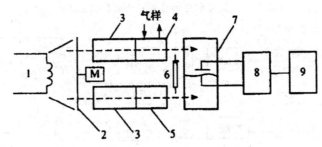

图 7-26　非色散红外吸收法 CO 监测仪原理

1. 红外光源；2. 切光片；3. 滤波室；4. 测量室；5. 参比室；

6. 调零挡板；7. 检测室；8. 放大及信号处理系统；9. 指示表及记录仪

一氧化碳对以 $4.5\mu m$ 为中心波段的红外光存在着选择性的吸收，并且在特定的浓度下，其吸收度与 CO 的浓度之间存在着一种线性的关系。根据吸收值确定样品中 CO 浓度。

该法属干法操作，无须配置溶液，操作简便、快速，可实现连续自动监测。CO_2、水蒸气和悬浮颗粒物有干扰，需经特殊过滤管处理。该系统对气体的检测有响应速度快、成本低、精度高等优点。

5. 总烃自动监测仪

测定空气中总烃的仪器是带有火焰离子化检测器（FID）的气相色谱仪。间歇式总烃自动监测仪的工作原理如图 7-27 所示，在程序控制器的控制下，周期性地自动采样、测定和进行数据处理、显示、记录测定结果，并定期校准零点和量程。

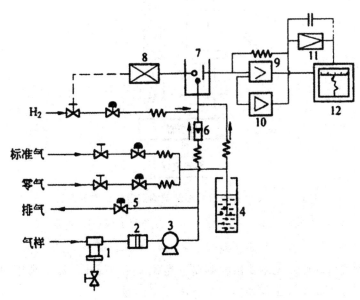

图 7-27 间歇式总烃自动监测仪的工作原理

1. 水分捕集器；2. 滤尘器；3. 气泵；4. 鼓泡器；5. 流量控制阀；

6. 流量计；7. FID；8. 灭火报警器；9. 电流放大器；

10. 自动校准装置；11. 积分器；12. 记录仪

6. 细颗粒物自动监测仪

细颗粒物是指能长期悬浮在空气中，随人的呼吸进入呼吸道的颗粒不大于 2.5ptm 的飘尘。空气中的颗粒物直径越小，越容易富集有毒物质，并且被吸入呼吸道的部位越深。$10\mu m$ 的直径颗粒通常沉积在上呼吸道，而 $2.5\mu m$ 以下的颗粒物 100% 地深入到细支气管和肺泡中，附着在呼吸道和肺泡内壁上，能刺激局部组织发生炎症，导致慢性支气管炎、支气管哮喘、肺气肿，甚至肺癌等。因此,国家将细颗粒物 PM$_{2.5}$ 列入重要的空气质量指标。细颗粒物的自动监测仪器根据测量原理不同分为振荡天平式、β射线吸收式、光散式和光吸收式四种。

β射线吸收式自动监测仪的工作原理是利用β射线与辐射源,β粒子穿过一定厚度的吸收物质。其强度随吸收层增加而逐渐减弱的现象称β射线吸收(图 7-28)。

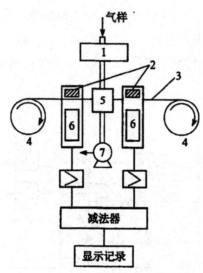

图 7-28 β射线吸收式细颗粒物测定仪工作原理图

1. 切割器;2.β射线源;3. 玻璃纤维滤膜;4. 滚筒;

5. 集尘器;6. 检测器;7. 采样泵

光散射式自动监测仪主要由检测器、光源、光源稳压回路、高压回路、光电积分回路、脉冲回路、运算控制等部分组成(图 7-29)。

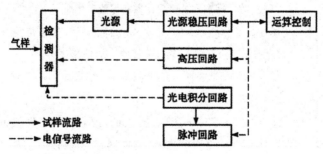

图 7-29 光散射式自动监测仪

光吸收式自动监测仪主要由 PM10/2.5 捕集装置、滤纸供给装置、光源、光源稳压回路、检测器、运算控制器等部分组成(图 7-30)。

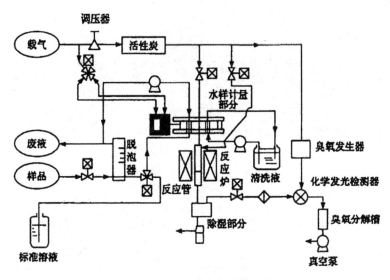

图 7-30　光吸收式自动检测仪

第二节　遥感监测技术

遥感(Remote Sensing，RS)技术近年来在生态环境监测中逐步得到了运用（图 7-31）。其突出优点是可以对三维空间的环境质量参数进行监测，范围可及任何偏僻的、人难以到达的地面和大气上层空间。卫星遥感技术可以被应用到空气污染扩散规律研究、河流、海洋、湖泊污染现状监测、环境灾害的监测等方面，关于沙漠化、盐渍化、水土流失的动态监测以及植被状态、土地利用现状等生态环境现状的监测。遥感技术的快速发展、分辨率的大大提高，可以从全球的范围全面地、直观地、系统地研究环境各要素的变化规律和相互关系。

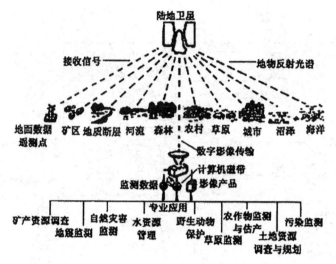

图 7-31 现代遥感工作技术体系

一、遥感监测方法

（一）摄影遥感技术

摄影遥感技术的基本原理，是根据地物或现象在电磁波上的反射性质的差别，用感光底片进行拍摄，所获得的图像色彩和灰度各不相同。摄影有黑白全色摄影、黑白红外摄影、天然彩色摄影和彩色红外摄影，适用于对土地利用、植物、水体、大气污染状况进行监测。图 7-32 所示为土壤、植物和水体对电磁波的反射能力。

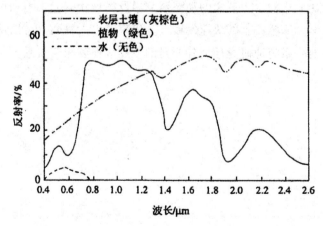

图 7-32 土壤、植物和水体对电磁波的反射能力

摄影遥感技术可用来判定不同种类的污染物。例如，当水中藻类繁生，叶绿素浓度增大时，会导致蓝光反射减弱和绿光反射增强，这种情况会在照相底片上反映出来，据此可大致判定大面积水体中叶绿素浓度发生的变化。

（二）红外扫描遥测技术

红外扫描遥测技术指的是通过一定的方法，将接收到的监测对象的红外辐射能转化成电信号或其他形式的能量，之后对其进行测量，从而获得红外辐射能的波长和强度，以此来判断污染物种类和含量。红外扫描遥测技术可用于观测河流、湖泊、水库、海洋的水体污染和热污染、石油污染情况，森林火灾和病虫害，环境生态等。图 7-33 所示为红外扫描遥感系统工作过程。

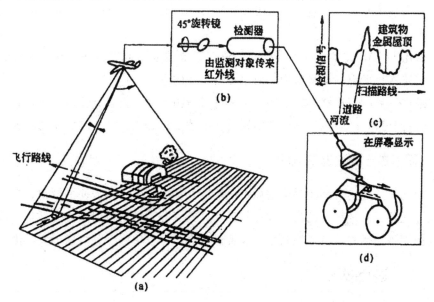

图 7-33　红外扫描遥感系统工作过程示意图

（a）扫描过程；（b）红外扫描仪（示意）；（c）检测器输出（沿飞行路线）；（d）照相记录

（三）光谱遥感监测技术

光谱遥感技术因其覆盖范围广、成分多、实时、快速等特点，被广泛用于环境遥感监测。图 7-34 是相关光谱分析仪组成。

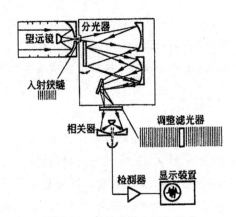

图 7-34　相关光谱分析仪组成

光谱遥感监测技术包括差分吸收光谱技术(DOAS)、傅里叶变换红外吸收光谱技术(FTIR)等。

采用 DOAS 技术不仅可以监测工业厂区泄漏溢出的污染物,在区域背景监测、道路和机场空气质量监测方面也有较广泛的应用。

采用傅立叶变换红外光谱法,可获得污染物的多个化学成分的光谱信息,并对其进行分析。一般用于确定和鉴别大气中的高污染成分、有机物或酸性成分。

(四)激光雷达遥测技术

激光雷达遥感对环境污染物质进行监测,利用被测物体表面的散射、反射和吸收等现象,对环境中的污染物进行遥感。其可分为米氏散射、拉曼散射、激光荧光技术等。激光雷达遥测技术具有灵敏度高、分辨率好、分析速度快等优点。

二、遥感实例

(一)水质污染遥感技术

基于 RS 光谱特性的水体信息自动提取已经在国内外得到了应用,它包括水体及遥感监测。我国由于气候条件的差异,东南部降水丰沛、河流众多、水系庞大,西北和藏北高原气候干旱、蒸发旺盛,河流呈间歇性。利用遥感来探测不同季节的水系状况,较之人工的实地勘查具有不可比拟的优越性。同时,利用水温的差异、泥沙含量的差异、水化学特性的差异进行水体的遥感监测,不仅能对地表水体进行空间识别、定位及定量计算面积、体积,模拟水体动态变化,而且随着遥感基础理论研究的进展,能通过对水体光谱特性的深入研究,进而对水体属性特征参数进行定量测定，如水深、悬浮泥沙浓度、叶绿素含量及污染状况的监测。

对水体污染展开大范围的实时监测，是遥感技术应用中的一个重要环节，它主要使用的应该是热红外扫描遥感技术。使用热红外扫描仪等进行航空遥感，监测水质的污染程度，这是由于未被污染的水与已被污染的水的比辐射率不同，因此即使在相同的温度下，两者的辐射温度也不同，通过其辐射温度的差值，可以显示出污染的分布情况。应用实例有：海洋赤潮监测、湖泊水质监测、河流无机物污染监测、海洋石油泄漏污染监测等。

（二）城市生态环境遥感技术

随着对城市环境和生态保护的深入发展，面对区域广阔的宏观环境，而在获取大范围、全面和同步的信息方面，遥感监控技术则是最先进的方法。该技术能够在影像信息的基础上，全面、细致、客观地反映出城市地表景观的形态、结构、空间关系及特点，具有广阔的应用前景。应用实例有：空气污染状况监测、城市绿化动态监测、土地利用动态变化等。图 7-35 所示为区域生态环境遥感监测应用领域。

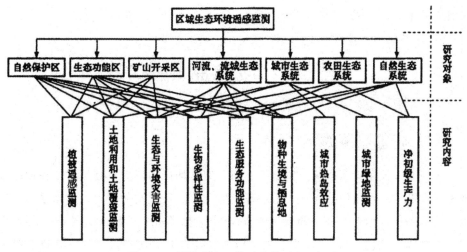

图 7-35　区域生态环境遥感监测应用领域

（三）全球环境变化遥感技术

全球环境变化是目前全人类最为关注的焦点，也是遥感监测技术应用的重点领域。其监测实例有：气象预报、土地沙漠化、土地盐碱化、土壤湿度、地表辐

173

射温度、海洋叶绿素、水体面积变化、臭氧层破坏等。

（四）利用卫星遥感信息技术开展环境灾害监测

如在 NOAA 卫星（美国第三代极轨业务气象卫星）AVHRR 图像上对水体进行特征分析，成功地用于水灾的监测。用 Land-sat TM 和 MSS 具有的高空间分辨率和多光谱特性，用于洪水本底水体的提取或淹没区土地类型的提取。

三、"4S"技术拓展环境遥感技术的发展

"4S"技术是指将环境污染遥感监测技术（RS）、地理信息系统（GIS）、全球定位系统（GPS）、专家系统（ES）进行技术集成。

遥感技术为 GIS 提供了自然环境的资料，并为对地理现象进行空间分析提供了局部性、定性与定量的空间动态资料；GIS 技术在遥感图像处理中起到了重要的作用，如几何配准、辐射校正等。在仿真分析方面，将遥感技术和 GIS 技术相结合，可以将仿真结果可视化；全球定位系统为遥感对地观测信息提供实时或准实时的定位信息和地面高程模型；该系统使环境遥感监测工作更加科学、合理和智能化。"4S"技术进一步拓展了遥感技术在生态、资源、环境等方面的应用，为我国生态建设、环境保护、区域经济建设等方面提供了重要的科技支撑。

第三节　应急监测技术

一、应急监测的程序

接到突发性污染事故应急监测指令后，应立即启动应急监测预案，根据已经掌握的污染事故发生情况，快速组织现场监测组、实验室分析组、后勤通信保障组等监测人员到位，根据判断应大致确定应急监测响应方案，如监测内容（水、气、土壤等）、监测项目、监测点位、所需仪器设备、防护设备等，并迅速赶往事故现场。应急监测程序如图 7-36 所示。

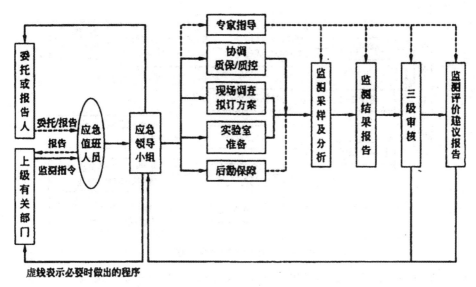

图 7-36　应急监测程序

　　应急响应系统具体包括了以下六个部分：应急响应程序、应急组织系统（图 7-37）、应急通信系统、应急防护和救援（图 7-38）、应急预案和应急状态终止。

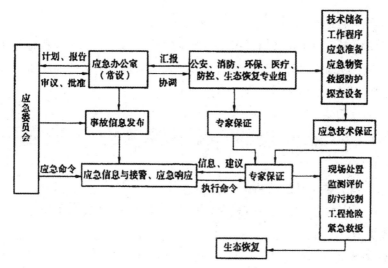

图 7-37　应急组织系统关系

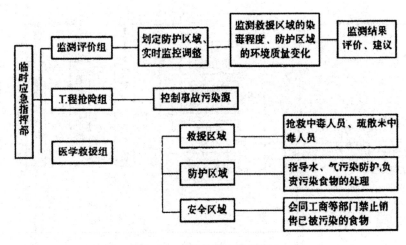

图 7-38　应急防护和救援程序

对于突发性污染事故现场出现的未知污染物种类的应急监测程序，应按"一闻二看三摸四查五验"的程序进行。

（一）现场判断

1. 从气味判断

任何一种有毒物质，特别是挥发性有毒物质，都会产生一种独特的味道，当有毒物质发生泄漏时，可以在泄漏区域或下风区闻到一种独特的味道，从而可以对有毒物质进行初步判定是有机还是无机的。

2. 从水性判断

用 pH 试带检测染毒空气或水中的毒物性质，可以大致判断出待测物可能属于哪一类化学毒物。

3. 从人畜受害中毒症状判断

因各类毒物的毒性效应不尽相同，故可通过人、畜中毒后的特定症状，来确定其大致类型。

4. 从染毒症候判断

不同的合成毒物因其物理、化学特性有很大的不同，因而在化学事故中所表现出的症状也各不相同。

5. 从危险源查明可能的毒物

在事故现场，通过对本区域内的危险源信息的分析，结合当事人所提供的背景信息，可以对中毒物质的类型、名称作出正确的判断。

（二）实地监测

1. 正确选择监测点

在对有毒气体进行探测时，首先要进行通风探测，其次要对有毒气体飘移轨迹进行探测，最后要对掩体和低洼地带进行快速探测。在对地表有毒物质进行探测时，要找出有显著毒性的区域。

2. 灵活选用监测器材和速测方法

当事故危险区域内没有明显毒性液体时，应着重检查气体毒物；对有毒液体，可通过多种检测手段同时检测。若有条件，可采用便携式 FYIR，对污染物进行现场定性，并将其输入仪器，实现最低定量。采用便携式气相色谱法对样品进行原位定量；采用气态进样方式，水态和固态样品采用顶空进样方式。

3. 综合分析，现场评估

综合分析指的是根据在判断过程中所获得的各种情况以及所使用的检测设备的情况，并与在日常工作中所获得的经验进行系统的分析，从而获得正确的结论，从而能够及时、正确地处理问题。

（三）实验室分析

为了进一步对事故原因、后果进行分析和制定恢复措施，对危害较大的污染事件，在现场检测的同时进行现场取样迅速送达实验室分析，其主要工作程序如图 7-39 所示。

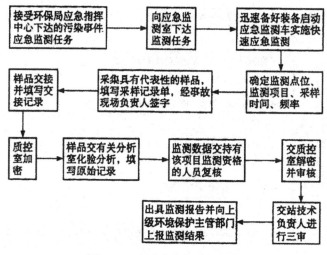

图 7-39 实验室分析工作流程

二、环境应急监测信息化系统建设

环境应急监测信息化系统建设工作是提升环境应急监测工作的重要手段，通过信息化系统的建设，可以大幅度地提升在应急污染事故处理处置过程中的技术支持能力，更好地体现快速、科学、准确的特征。因此，在环境应急监测能力建设过程中，除应加强硬件能力建设外，还应该注重应急监测信息化平台的构建。环境应急监测信息化系统构架如图 7-40 所示。

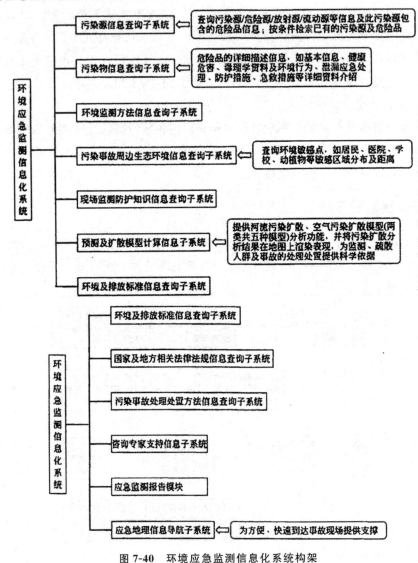

图 7-40　环境应急监测信息化系统构架

第四节 超痕量分析技术

一、常用的前处理方法

（一）液—液萃取法

液—液萃取法的特点是利用相似相溶原理，选择一种与被测成分具有相近的极性的溶剂，将被测成分从水溶液中提取。常用的萃取溶剂有正己烷、苯、乙醚、乙酸乙酯等，正己烷一般用于非极性物质的萃取，苯一般用于芳香族化合物的萃取，乙醚和乙酸乙酯对极性大的含氧化合物的萃取比较合适。二氯甲烷对非极性到极性的宽范围的化合物都有较高的萃取率，因其低沸点、易富集、密度大、液相分离简便等优点，可用于多组分的同步检测。液—液萃取法有许多局限性，如需要大量的有机溶剂、有时产生乳化现象影响分层以及溶剂易蒸发造成样品损失等。

（二）吹脱捕集法和静态顶空法

吹脱捕集法和静态顶空法都是气相萃取技术，其共同特征是采用氮、氦等惰性气体对被测物质进行提取。与静态顶空方法相比，吹脱捕集法是将挥发性组分连续地从样品中提取出来，然后用吸收剂或冷阱中捕集，属于非平衡连续提取，故被称作动态顶空。因为对空气进行持续的吹扫，会打破密闭容器中气、液两相的平衡，导致挥发性成分持续地从液相向气相流动，即在液相顶部的任何成分的分压都是零，所以会有更多的挥发性成分持续地逸出到气相中。因此，与静态顶空法相比，它具有更高的灵敏度，检出限能达到 $\mu g \cdot L^{-1}$ 水平。但是吹脱捕集法也不能将待测物质从样品中百分百抽提出来，其吹扫效率与吹扫温度、待测物质在样品中的溶解度和吹扫气的流速及流量等因素有关。吹扫温度高，样品容易被吹脱，但是温度升高使水蒸气量增加，影响吸附和后续测定，一般 50℃ 比较合适。溶解度高的组分，很难被吹脱，加入盐能提高吹扫效率。吹扫气的流速太快或总流量太大，待测组分不容易被吸附或吸附之后又被吹落，一般以 40mL·min^{-1} 的流速吹扫 10～15min 为宜。

静态顶空法是将样品加入管形瓶等封闭体系中，在一定温度下放置达到气液平衡后，用气密性注射器抽取存在于上部顶空中的待测组分，注入气相色谱仪或气相色谱质谱仪中进行测定。该方法必须保持平衡条件恒定不变，才能保证样品测定的重复性，测定的灵敏度也没有吹脱捕集法高，但操作简便、成本低廉。

（三）压力液体萃取法和亚临界水萃取法

压力液体萃取法是目前发展最快、为环境分析研究人员普遍看好的两种从固体基体中提取有机污染物的方法。压力液体萃取法也被称为加速溶剂萃取法，它的主要特点是，采用加压升温的方法，利用萃取溶剂，从固体样品中提取目标物质。该方法不仅可大幅度提高提取速度，而且可显著降低所需溶剂的用量。在高温高压的条件下，待测目标化合物的溶解度增加，样品基质对它的吸附作用或相互之间的作用力降低，加速使它从样品基质中解吸出来并快速进入溶剂。增加压力使溶剂在较高温度下保持液态。提高温度也降低了溶剂的黏度，有利于溶剂分子向样品基质中扩散。它的特点是萃取时间短、消耗溶剂少、提取回收率高。

亚临界水萃取法其实就是压力热水萃取法，是在亚临界压力和温度下（100～374℃，并加压使水保持液态），用水提取土壤、底泥和废弃物中的待测目标化合物。

（四）超临界流体萃取法

超临界流体萃取法是利用超临界流体的溶解能力和高扩散性能发展而来的萃取技术。任何一种物质随着温度和压力的变化都会有三种相态存在：气相、液相、固相。在一个特定的温度和压力条件下，气相、液相、固相会达到平衡，这个三相共存的状态点，就叫作三相点。其中，液体和气体达到平衡的点被称为临界点，在这个点上的温度被称为临界温度，在这个点上的压力被称为临界压力。

二、超痕量分析测试技术

环境样品中被测组分通常是痕量或超痕量的，除了需要采用预处理技术进行富集和净化外，还需要高灵敏度的分析方法，这样才能满足环境样品中痕量或超痕量组分测定的要求。常用的具有高灵敏度的分析方法概述如下。

（一）光谱分析法

光谱分析法是一种以光与物质相互作用为基础的分析方法，它可以通过测量物质内部发生量子化的能级之间的跃迁而引起的发光或吸收光谱的波长和强度的变化来实现。主要有原子发射光谱、原子吸收光谱等方法。

（二）极谱分析法

极谱法是通过对电解液中的电压电流曲线进行电化学分析的一种方法。极谱分析法包括经典极谱法、单扫描极谱法、脉冲极谱法等，其中经典极谱法的灵敏度较低。目前我国常用单扫描极谱法、脉冲极谱法来测定大气中的氮氧化物和水中的亚硝酸盐及铅镉、钒等金属离子含量。

三、案例——离心微萃取法测定自来水中痕量的锡

由于锡的浓度在水中的含量可以低到 $\mu g \cdot L^{-1}$ 的数量级，因此通常需要对样品进行预富集。近年来，人们为了富集和分离锡开发了许多新方法，如液－液萃取法、固相萃取法、电化学沉淀法、浊点萃取法等。上述方法各有其优越性，但操作烦琐，易出现待测物质流失、相应的有机溶剂用量大、对人体健康风险大、废水处理成本高等问题。

离心机微萃取法（CME），由于该方法的特点是样本量大，操作简便，可彻底避免交叉污染，因此被广泛应用。阳极溶出伏安法（ASV）因其高灵敏度和高选择性而被广泛应用于金属检测领域。本案例也是以离子液体为萃取剂，利用 CME－SW－ASV 的方法来测定自来水样品中痕量金属锡的。在这一测定工作中，我们采用 1-辛基-3-甲基咪唑六氟磷酸盐离子液体作为萃取溶剂，选择能与亚锡离子配合并且性质稳定的邻二苯酚作为络合剂，研究了影响离心微萃取反应和电化学测试的因素。

（一）主要仪器和试剂

1. 主要仪器

CHI－660D 电化学工作站；直径 3.0mm 玻碳电极（工作电极）；Ag－AgCl 电极（固体参比电极）；Pt 电极（对电极）；pHS－3CpH 计；微型电解池；TGL－20B 高速台式离心机（转速 0～8 000rpm，时间 0～60min，220V/50Hz）；CP114 电子天平；MS－H－S 型磁力搅拌器；FB224 自动内校电子分析天平；100uL 微量进样器；KQ－300DB 型数控超声清洗器。

2. 主要试剂

所有的化学试剂均为分析纯试剂。用到的水都是通过 MilQ 实验室高端超纯

水系统获得的去离子水。所有的实验都是在室温进行的(大约 25℃)。用盐酸溶解适量的 $SnCl_2$ 作为标准溶液。将样本溶液稀释作为标样,并将该标样与支撑电解质放进装有 50ml 聚乙烯的离心管内。将 1-辛基-3-甲基咪唑六氟磷酸盐(99%)作为萃取剂,而且没有进行进一步的提纯。用适量的邻二苯酚溶解在一定体积的无水乙醇中,制得 $0.01mol \cdot L^{-1}$ 的母液,放在 4℃冰箱里一周后备用。金属离子溶液 KCl、$NaCl$、$Pb(NO_3)_3$、$Al(NO_3)_3 \cdot 6H_2O$、$CuSO_4 \cdot 5H_2O$、$MgCl_2 \cdot 6H_2O$、$ZnCl_2$、$Cr(NO_3)_3 \cdot 9H_2O$,$CaCl_2$ 和 $Cd(NO_3)_2$ 中的金属离子作为干扰离子使用。

(二)离心微萃取步骤

将 30mL 的不同浓度的盐酸缓冲剂加入 50mL 的锥形底的聚丙烯瓶内,再以一定浓度的邻二苯酚为整合剂。在混合之后,将该试剂在黑暗中进行 20min 的反应,后在各个瓶中加入 $130\mu L$ 的离子液体,即 1-辛基-3-甲基咪唑六氟磷酸盐。离心机里每次最多离心 6 个样,转速为 4 500rpm,在一定的时间下,$Sn(Ⅱ)$ 与邻二苯酚发生络合反应,形成疏水性络合物,然后萃取到离子液体中,萃取后,我们取瓶底部的离子液体 $100\mu L$ 转移到微升电解池中进行 SW-ASV 测定。

(三)测量步骤

玻碳电极用 $0.05\mu m$ Al2O3 抛光粉进行镜面抛光,在每个抛光步骤用去离子水进行彻底清洗,然后分别用 1:1 的硝酸、无水乙醇和去离子水进行超声,每次超声时间为 5min。超声波处理完毕后,为下一步的试验做好准备,玻碳电极被氮气干燥。用 SW-ASV 的方法对 $Sn(II)$ 进行测定的步骤如下:$100\mu L$ 的萃取剂转移到组装好的微升电解池中,之后在一定的沉积时间和沉积电压下进行沉积,沉积之后有 10s 的平衡时间,在 20Hz 的频率下,扫描电压的范围为 $-1.0\sim 0V$。测量后的清洁步骤,在电压 0.8V 下,设定时间 120s 除去可能存在的残余金属,所有的 SWASV 实验测定过程中没有除氧。

(四)用 CME-SW-ASV 的方法测定自来水中的 $Sn(Ⅱ)$

用 CME-SW-ASV 的方法来测定自来水中的 $Sn(Ⅱ)$,用标准加入法测自来水中的 Sn 的浓度。在自来水水样中按一定的比例加入蒸馏水进行稀释,取上述所配溶液 30mL 加入 50mL 的圆锥底的聚丙烯瓶中,加入 $2\mu L$ 浓度为

0.01mol·L⁻¹ 邻二苯酚的整合试剂，在每个试样瓶中都加入体积为 $130\mu L$ 的离子液体 1-辛基-3-甲基咪唑六氟磷酸盐，为了消除水样基体中的干扰因素，比如其他金属的干扰，所有的样品都用标准加入法进行分析，最后用 ICP－MS 自来水进行测定，将二者的结果进行比对。

（五）结果与讨论

1. 电化学中沉积电位和沉积时间的优化

在沉积时间为 120s 时，考察了沉积电压 $-1.0\sim0V$ 对 $1\mu g·L^{-1}Sn(II)$ 的还原电压的影响。在 $-0.7V$ 之前，还原电位不够使 Sn(Ⅱ)还原，溶出峰信号随着沉积电位越负，电化学信号越强；沉积电位在 $-1.0V$ 以后，电流的响应信号基本不变。所以，我们选择的最佳沉积电位为 $-1.0V$。

在沉积电位为 $-1.0V$ 时，考察了沉积时间 $30\sim180s$ 对 $1\mu g·L^{-1}Sn(II)$ 的还原电流的影响情况。在 120s 前，信号逐渐增加；120s 后，信号又有下降趋势，再进一步延长沉积时间将导致 Sn(Ⅱ)还原峰变宽，因此我们选用的最佳沉积时间为 120s。

2. 锡在玻碳电极上的沉积

本实验用 $50\mu g·L^{-1}Sn^{2+}$ 进行离心萃取，在沉积电位为 $-1.0V$、沉积时间为 150s 时，经扫描电子显微镜得出图：未经修饰的玻碳电极表面是平滑的；$50\mu g·L^{-1}Sn^{2+}$ 萃合物的玻碳电极表面上有散落的颗粒，这应该是沉积的 Sn(Ⅱ)；还能看到局部放大的图。优化影响萃取效率的几个因素，比如络合剂的浓度、样品的 pH 值、离心萃取时间。

3. 络合剂浓度的优化

邻二苯酚与亚锡离子形成有疏水作用的络合物，因而邻二苯酚的浓度对该方法的灵敏性有极大的影响。Sn(Ⅱ)的电化学信号随着邻二苯酚的浓度增大而增强。当络合剂的浓度为 $0.083mmol·L^{-1}$ 时，开始有信号，随着络合剂的浓度增加，电化学信号也随之增加；到 $0.33mmol·L^{-1}$ 时，信号达到最大值；之后随着浓度增大，电化学信号反而降低。因此，选择络合剂浓度为 $0.33mmol·L^{-1}$。

4. pH 条件的优化

水溶液 pH 值是影响络合过程的主要因素，对络合物的生成及后续提取起着关键作用。因此，选择 pH 值是非常重要的。因锡离子在水里容易生成碱式盐而不易溶解，故选用盐酸作电解质。溶液的 pH 对亚锡离子的信号强度的影响：

pH 从 1.00 到 2.00 变化时，电化学信号随之增加；pH 从 2.00 到 4.00 变化时，电化学信号又逐渐降低。原因是氯化亚锡极溶于稀盐酸或浓盐酸，随着其溶解性的增大，其在水中的溶解性也随之增大。因此，更高的 pH 值会引起亚锡离子溶解性的减少，并最终会减少信号。我们选择 pH 为 2.00 作为最佳的酸度。

5. 萃取时间的影响

Sn(Ⅱ) 与邻二苯酚在水样中形成疏水性的络合物，当使用离心微萃取的方式时，在界面处形成一个较高的 Sn(Ⅱ) 与邻二苯酚络合物区带，加快样品萃取的速度。萃取时间对离心微萃取的影响：随着时间从 4min 增加到 10min，亚锡离子的信号随之增加；10min 以后，亚锡离子的信号有小幅度下降的趋势。所以，10min 为最佳的萃取时间。

6. CME－SW－ASV 的方法评价

在优化后的条件下，我们采用线性、检出限和重现性等参数来评价 CME.SW－ASV 方法，测得一系列 Sn(Ⅱ) 浓度从 $0.2\mu g \cdot L^{-1}$ 到 $2.0\mu g \cdot L^{-1}$ 的线性图，其中线性相关系数 R 为 0.994 9，8 次重复 Sn(Ⅱ) 浓度为 $1\mu g \cdot L^{-1}$ 的实验得出相对标准偏差为 5.4%，用空白溶液的三倍的标准偏差得出检出限为 $0.023\mu g \cdot L^{-1}$。由于在纯净水中锡的浓度高于 $1\mu g \cdot L^{-1}$，我们用邻二苯酚在离子液体中的溶出伏安法作为空白对照。

由于样品中的锡含量超出最低检出限，用标准加入法测定自来水里中 Sn^{2+} 的浓度，在自来水水样中加入蒸馏水，按 1∶4 的比例，用标准加入法作图，则 1∶4 的水样中的 Sn^{2+} 浓度为 $0.059\mu g \cdot L^{-1}$。根据信号，可得出一条线性曲线，并且相关系数为 0.993 0，最后计算出纯净水中所含 Sn^{2+} 的量为 $0.29\mu g \cdot L^{-1}$。

用基于离子液体离心微萃取技术的方波－阳极溶出伏安法，测定水中超痕量的金属亚锡离子的含量。该方法优化了影响萃取效率的几个因素，如络合剂的浓度、样品的 pH 值、离心萃取时间，同时优化了电化学过程中的沉积时间和沉积电位。测得一系列浓度从 $0.2\mu g \cdot L^{-1}$ 到 $2.0\mu g \cdot L^{-1}$ 的线性图，其中线性相关系数为 0.994 9，检出限为 $0.023\mu g \cdot L^{-1}$。该方法具有很好的重现性和稳定性。

第五节　新污染物监测技术

新污染物指新近发现或被关注，对生态环境或人体健康存在较大风险，但尚未纳入管理或者现有管理措施不足以有效防控其风险的有毒有害化学物质。

2021年3月颁布的《国民经济和社会发展第十四个五年规划和2035年远景目标纲要》中提出目标："十四五"期间新污染物治理能力明显增强；2021年11月，中共中央、国务院印发的《关于深入打好污染防治攻坚战的意见》中提出，到2025年，新污染物治理能力明显增强，生态环境治理体系更加完善；2022年5月24日，国务院办公厅发布《新污染物治理行动方案》（国办发〔2022〕15号），后来，各省积极行动，陆续制订了本区域的新污染物治理行动方案。

新污染物具有危害比较严重、风险比较隐蔽、环境持久性、生物积累、远距离迁移、来源广泛、治理复杂的特点。

国际上广泛关注的新污染物有四大类：一是持久性有机污染物 POPs（如PFOs、PBDEs、HCBD、PCP、HCBDs 等）；二是内分泌干扰物 EDCs（如壬基酚、双酚 A、邻苯二甲酸酯等）；三是抗生素（如喹诺酮类、磺胺类、四环素类等）；四是微塑料。

一、新污染物监测开展情况

（一）国外情况

欧盟：2008年，欧盟对水中33种管控物质外的11种物质统一开展监测，探索水中新污染物监测工作。2013年，欧盟建立观察清单（Watch List）机制，并于2015年首次提出清单，在全欧盟范围内开展监测，此后，2018年、2020年、2022年对清单进行更新。已公布的4次观察清单，涵盖25种/组物质，共46种化合物（以 CAS 号计）。欧盟规定了开展观察清单中新污染物监测的点位选择、监测频次、监测时间等要求。每个欧盟成员国至少设置一个监测点位，并根据国家人口和面积具体情况，增加相应的点位数量；在公布观察清单后的6个月内开展监测。观察清单的监测手段主要采用固相萃取前处理方法（SPE）和液相色谱三重四极杆串联质谱法（LC/MS/MS）。最大方法检出限/定量限要求小于等于相应环境介质中预测无效应浓度。所采用的监测方法需要满足欧盟统一规定的技术要求。

美国：重点关注饮用水中新污染物对人体健康带来的危险。EPA 针对处于管控之外物质，提出污染物候选清单（contaminant candidate list，CCL），每5年公布一次。EPA 配套设立了未管控污染物监测规则（unregulated contaminant monitoring rule，UCMR），每 5 年提出不超过 30 种未管控污染物的清单，开展监测，收集管控评估所需数据，为管控决策以及标准制定提供支持。自 2001 年以来，已完成了 4 次 UCMR 监测，目前正在开展第 5 次 UCMR（2022—2026）。监测物质为 29 种全氟/多氟化合物（PFAS）和锂。UCMR 监测方法要求采用 EPA 标准方法。

欧美监测特点：一是建立动态更新的新污染物清单监测机制。欧盟提出观察清单（Watch List）监测机制，每两年更新清单。美国 EPA 每 5 年提出污染物候选清单（CCL）及未监管污染物监测规则（UCMR）并开展监测。二是以标准化的监控手段为基础，对新型污染进行监控。欧盟对新污染物的监测技术方法以及检测极限/数量极限作出了规定，并且通过指令（Directive）统一规定监测方法技术要求。美国和加拿大要求新污染物监测需采用标准方法，保证监测数据的准确可比。三是充分考虑新污染物监测的可行性和经济成本。经筛选确定的优先评估/监测名单中新污染物种类仍然很多，由于监测成本高，难以全部开展监测。欧盟观察清单最多涵盖 14 种/组新污染物，美国 UCMR 要求提出监测清单包含不超过 30 种污染物。除了限制新污染物种类数量外，欧美国家均强调监测方法的经济性和适用性。

（二）我国情况

我国从 2007 年起持续开展履行斯德哥尔摩公约成效评估 POPs 监测；2016 年起先后在太湖、白洋淀、丹江口水库等重点水体开展典型区域新污染物调查及风险评估工作；2021 年、2022 年以长江流域为主，开展新污染物试点监测。同时，开展监测方法体系建设，通过国家环境保护标准制修订项目，推动新污染物监测方法开发及标准化，目前已发布烷基酚、二噁英等新污染物的监测方法标准。依托 863 计划、水专项、国家重点研发计划等重大科研专项，开展新污染物相关监测技术研究，依托现有生态环境监测网络，在重点地区、重点行业、典型工业园区开展新污染物环境调查监测试点。建立健全化学物质环境调查监测制度，按照国家统筹、省负总责、市县落实的原则，完善新污染物治理的管理机制，全面落实新污染物治理属地责任。先后出台了《优先控制化学品名录》（第一批）（2017 年）、《优先控制化学品名录》（第二批）（2020 年）；2023 年生态环境部办公厅和国家疾病预防控制局综合司联合出台了《第一批化学物质环境风险优先评估计划》，出台了《重点管控新污染物清单》（2023 年版），为新污染监测和管控提供了目标。

（三）目前有监测方法的新污染物（表 7-1）

表 7-1　目前已有的新污染物监测方法

名录	编号	新污染物名称	水	气	土	固废
《重点管控新污染物清单（2023年版）》（生态环境部等6部令第28号）	1	全氟辛基磺酸及其盐类和全氟辛基磺酰氟（PFOS类）	《水质17种全氟化合物的测定 高效液相色谱串联质谱法》（DB32/T 4004—2021）			
	2	全氟辛酸及其盐类和相关化合物（PFOA类）	《水质17种全氟化合物的测定 高效液相色谱串联质谱法》（DB32/T 4004—2021）			
	3	十溴二苯醚	《水质多溴二苯醚的测定 气相色谱—质谱法》（HJ 909—2017）	《环境空气26种多溴二苯醚的测定 高分辨气相色谱—高分辨质谱法》（HJ 1270—2022）	《土壤和沉积物多溴二苯醚的测定 气相色谱—质谱法》（HJ 952—2018）	

续表

名录	编号	新污染物名称	水	气	土	固废
《重点管控新污染物清单（2023年版）》（生态环境部等6部令第28号）	4	六氯丁二烯	《水质 挥发性有机物的测定 吹扫捕集/气相色谱—质谱法》（HJ 639—2012）《水质 挥发性有机物的测定 顶空/气相色谱—质谱法》（HJ 810—2016）	《环境空气 挥发性有机物的测定 吸附管采样—热脱附/气相色谱—质谱法》（HJ 644—2013）	1.《土壤和沉积物 挥发性有机物的测定 顶空/气相色谱—质谱法》（HJ 642—2013）；2.《土壤和沉积物 挥发性有机物的测定 吹扫捕集/气相色谱—质谱法》（HJ 605—2011）	1. 固体废物 挥发性有机物的测定 顶空—气相色谱法（HJ 760—2015）；2.《固体废物 挥发性有机物的测定 顶空/气相色谱—质谱法》（HJ 643—2013）
	5	五氯苯酚及其盐类和酯类	《水质 酚类化合物的测定 液液萃取/气相色谱法》（HJ 676—2013）《水质 酚类化合物的测定 气相色谱—质谱法》（HJ 744—2015）			

续表

名录	编号	新污染物名称	水	气	土	固废
《重点管控新污染物清单（2023年版）》（生态环境部等6部令第28号）	6	三氯杀螨醇	《水质有机氯农药和氯苯类化合物的测定 气相色谱－质谱法》（HJ 699—2014)			
	7	全氟己基磺酸及其盐类和相关化合物（PFHxS类）	《水质17种全氟化合物的测定 高效液相色谱串联质谱法》（DB32/T 4004—2021)			
	8	二氯甲烷	《水质挥发性有机物的测定 吹扫捕集/气相色谱－质谱法》(HJ 639—2012)《水质挥发性有机物的测定 顶空/气相色谱－质谱法》（HJ 810—2016)	《环境空气 挥发性有机物的测定 吸附管采样－热脱附/气相色谱－质谱法》（HJ 644—2013)	1.《土壤和沉积物 挥发性有机物的测定 顶空/气相色谱－质谱法》（HJ 642—2013）；2.《土壤和沉积物 挥发性有机物的测定 吹扫捕集/气相色谱－质谱法》（HJ 605—2011)	1.《固体废物 挥发性有机物的测定 顶空－气相色谱法》（HJ 760—2015）；2.《固体废物 挥发性有机物的测定 顶空/气相色谱－质谱法》（HJ 643—2013)

189

续表

名录	编号	新污染物名称	水	气	土	固废
《重点管控新污染物清单（2023年版）》（生态环境部等6部令第28号）	9	三氯甲烷	《水质 挥发性有机物的测定 吹扫捕集/气相色谱—质谱法》(HJ 639—2012)《水质 挥发性有机物的测定 顶空/气相色谱—质谱法》(HJ 810—2016)	《环境空气 挥发性有机物的测定 吸附管采样—热脱附/气相色谱—质谱法》（HJ 644—2014）	1.《土壤和沉积物 挥发性有机物的测定 顶空/气相色谱—质谱法》（HJ 642—2013）；2.《土壤和沉积物 挥发性有机物的测定 吹扫捕集/气相色谱—质谱法》（HJ 605—2012）	1.《固体废物 挥发性有机物的测定 顶空—气相色谱法》（HJ 760—2015）；2.《固体废物 挥发性有机物的测定 顶空/气相色谱—质谱法》（HJ643—2014）
	10	壬基酚	《水质 9种烷基酚类化合物和双酚A的测定 固相萃取/高效液相色谱法》（HJ 1192—2021）		《土壤中农药残留量的测定 液相色谱—串联质谱法 第3部分：壬基酚二氧乙烯醚、壬基酚和4-正壬基酚残留量的测定》（DB37/T 4481.3—2021）	

名录	编号	新污染物名称	水	气	土	固废
《重点管控新污染物清单（2023年版）》（生态环境部等6部令第28号）	11	抗生素	1.《水质 磺胺类、喹诺酮类和大环内酯类抗生素的测定 固相萃取/液相色谱－三重四极杆质谱法》（DB37/T 3738—2019）；2.《生活饮用水及水源水中10种抗生素的检验方法 超高效液相色谱－质谱/质谱法》(DB22/T 2838—2017)；3.《生活饮用水及水源水中10种抗生素的检验方法 超高效液相色谱－质谱/质谱法》（DB 22/T 2838—2017）		《土壤中四环素类、氟喹诺酮类、磺胺类、大环内酯类和氯霉素类抗生素含量同步检测方法 高效液相色谱法》（NYT 3787—2020）	
		已淘汰类				

续表

名录	编号	新污染物名称	水	气	土	固废
《重点管控新污染物清单（2023年版）》（生态环境部等6部令第28号）	12	氯丹	《水质有机氯农药和氯苯类化合物的测定气相色谱－质谱法》（HJ 699—2014）	1.《环境空气有机氯农药的测定高分辨气相质谱法》（HJ 1224—2021）；2.《环境空气有机氯农药的测定气相色谱－质谱法》（HJ 900—2017）	《土壤和沉积物有机氯农药的测定气相色谱－质谱法》（HJ 835—2017）	《固体废物有机氯农药的测定气相色谱－质谱法》（HJ 912—2017）
	13	六氯苯	《水质有机氯农药和氯苯类化合物的测定气相色谱－质谱法》（HJ 699—2014）	1.《环境空气有机氯农药的测定高分辨气相质谱法》（HJ 1224—2021）；2.《环境空气有机氯农药的测定气相色谱－质谱法》（HJ900—2017）	《土壤和沉积物有机氯农药的测定气相色谱－质谱法》（HJ 835—2017）	《固体废物有机氯农药的测定气相色谱－质谱法》（HJ 912—2017）

续表

名录	编号	新污染物名称	水	气	土	固废
《重点管控新污染物清单（2023年版）》（生态环境部等6部令第28号）	14	滴滴涕	《水质有机氯农药和氯苯类化合物的测定气相色谱－质谱法》（HJ 699－2014）	1.《环境空气 有机氯农药的测定高分辨气相色谱－高分辨质谱法》（HJ 1224－2021）；2.《环境空气 有机氯农药的测定气相色谱－质谱法》（HJ 900－2017）	《土壤和沉积物 有机氯农药的测定气相色谱－质谱法》（HJ 835－2017）	《固体废物 有机氯农药的测定气相色谱－质谱法》（HJ 912－2017）
	15	α-六氯环己烷	《水质有机氯农药和氯苯类化合物的测定气相色谱－质谱法》（HJ 699－2014）	1.《环境空气 有机氯农药的测定高分辨气相色谱－高分辨质谱法》（HJ 1224－2021）；2.《环境空气 有机氯农药的测定气相色谱－质谱法》（HJ 900—2017）	《土壤和沉积物 有机氯农药的测定气相色谱－质谱法》（HJ 835—2017）	《固体废物 有机氯农药的测定气相色谱－质谱法》（HJ 912—2017）

续表

名录	编号	新污染物名称	水	气	土	固废
《重点管控新污染物清单（2023年版）》（生态环境部等6部令第28号）	16	β-六氯环己烷	《水质有机氯农药和氯苯类化合物的测定气相色谱－质谱法》（HJ 699－2014）	1.《环境空气有机氯农药的测定高分辨气相色谱－高分辨质谱法》（HJ 1224—2021）；2.《环境空气有机氯农药的测定气相色谱－质谱法》（HJ 900—2017）	《土壤和沉积物有机氯农药的测定气相色谱－质谱法》（HJ 835—2017）	《固体废物有机氯农药的测定气相色谱－质谱法》（HJ 912—2017）
	17	林丹	《水质有机氯农药和氯苯类化合物的测定气相色谱－质谱法》（HJ 699—2014）	1.《环境空气有机氯农药的测定高分辨气相色谱－高分辨质谱法》（HJ 1224—2021）；2.《环境空气有机氯农药的测定气相色谱－质谱法》（HJ 900—2017）	土壤和沉积物有机氯农药的测定气相色谱－质谱法（HJ 835—2017）	《固体废物有机氯农药的测定气相色谱－质谱法》（HJ 912—2017）

名录	编号	新污染物名称	水	气	土	固废
《重点管控新污染物清单（2023年版）》（生态环境部等6部令第28号）	18	硫丹原药及其相关异构体	《水质有机氯农药和氯苯类化合物的测定气相色谱－质谱法》（HJ 699—2014）	1.《环境空气有机氯农药的测定高分辨气相色谱－高分辨质谱法》（HJ 1224—2021）；2.《环境空气有机氯农药的测定气相色谱－质谱法》（HJ900—2017）	《土壤和沉积物有机氯农药的测定气相色谱－质谱法》（HJ 835—2017）	《固体废物有机氯农药的测定气相色谱－质谱法》（HJ 912—2017）
	19	多氯联苯	水质多氯联苯的测定气相色谱－质谱法HJ715—2015	环境空气多氯联苯的测定气相色谱－质谱法(HJ902—2017)	《土壤和沉积物多氯联苯的测定气相色谱法》（HJ922—2017）	固体废物多氯联苯的测定气相色谱－质谱法（HJ 891—2017）

续表

名录	编号	新污染物名称	水	气	土	固废
《第一批化学物质环境风险优先评估计划》（环办固体〔2022〕32号）	1	邻苯二甲酸（2－乙基已基)酯	《水质6种邻苯二甲酸酯类化合物的测定液相色谱－三重四极杆质谱法》（HJ 1242—2022)		1. 土壤和沉积物6种邻苯二甲酸酯类化合物的测定气相色谱—质谱法（HJ 1184—2021）；2.《土壤和沉积物半挥发性有机物的测定气相色谱—质谱法》（HJ 834—2017)	
	2	邻苯二甲酸二丁酯	《水质6种邻苯二甲酸酯类化合物的测定液相色谱－三重四极杆质谱法》（HJ 1242—2022)		1. 土壤和沉积物6种邻苯二甲酸酯类化合物的测定气相色谱—质谱法（HJ 1184—2021）；2.《土壤和沉积物半挥发性有机物的测定气相色谱—质谱法》（HJ 834—2018)	

续表

名录	编号	新污染物名称	水	气	土	固废
《第一批化学物质环境风险优先评估计划》（环办固体〔2022〕32号）	3	邻苯二甲酸丁基苄基酯	《水质6种邻苯二甲酸酯类化合物的测定 液相色谱—三重四极杆质谱法》（HJ 1242—2022）		1.《土壤和沉积物6种邻苯二甲酸酯类化合物的测定气相色谱—质谱法》（HJ 1184—2021）；2.《土壤和沉积物半挥发性有机物的测定 气相色谱—质谱法》（HJ 834—2019）	
	4	邻苯二甲酸二异丁酯			《土壤和沉积物半挥发性有机物的测定 气相色谱—质谱法》（HJ 834—2017）	

二、微塑料

塑料被广泛应用于工业、农业、生活消费、建筑、交通等领域。由于塑料制品的方便快捷，使人类大规模地、无节制地生产、使用废弃塑料制品。截至2015年全球已生产了83亿吨塑料；已产生约63亿吨塑料废物，其中约9％已被回收，12％被焚烧，79％累积在垃圾填埋场或自然环境中；预计到2050年将增加到 120 亿吨塑料废物；塑料污染是全球性的威胁，几乎影响着全球每个海洋和淡水生态系统。塑料在其整个生命周期中都会导致气候变化。2019 年，塑料产生了 18 亿吨温室气体排放，相当于全球排放量的 3.4%。其中约 90% 的排放来自塑料生产和化石燃料转化。到 2050 年，塑料生命周期的排放量可能会翻两番，达到全球碳预算的 15%。联合国大会将海洋微塑料污染列为与全球气候、臭氧耗竭、海洋酸化并列的重大全球环境问题。

微塑料作为新污染中的一类，现在在国际上，微塑料是指尺寸在 5mm 以下的极小的塑料或纤维（microplatics，MPs）。按照其产生方式可分为原生微塑料和次生微塑料，或称作初级微塑料和次级微塑料。前者指的是在人们的生产和生活中，直接产生和排放到环境中的塑料颗粒，例如，加入到日用清洁产品中的塑料磨砂颗粒，就是一种微塑料的典型代表；后者指的是由体积较大的塑料碎片，在周围环境中经过一系列物理、化学和生物过程后，所形成的体积较小的塑料碎片，如防尘网、地膜破碎等。微塑料在环境中的迁移如图 7-41 所示。

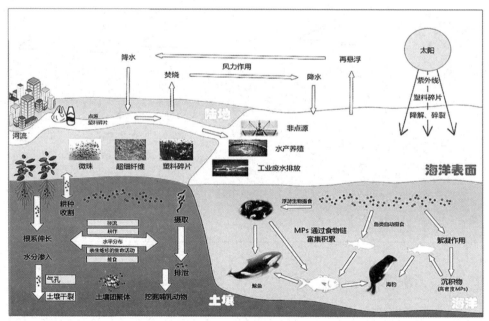

图 7-41 微塑料在环境中的迁移

微塑料广泛存在于水体、陆表土壤沉积物和大气中，严重威胁着生态环境安全和人类健康。党的十九届五中全会以来，党中央和国务院从加快推动绿色低碳发展、持续改善环境质量、提升生态系统质量和稳定性、全面提高资源利用效率等方面作出了专门部署，对包括微塑料在内的新污染物的监测和污染防治也提出了更高要求，为新时代加强生态文明建设和生态环境保护指明了方向。

（一）微塑料污染及监测现状

从 20 世纪中期开始，塑料制品已被大量生产和使用。塑料制品给人类带来了便利，但也给生态环境带来了严重的危害。世界范围内，除 1 亿吨已经被填埋场处理之外，还有 15 亿吨左右的塑料废弃物正在向陆海环境中排放。如果照目前的处置方法来看，到 21 世纪中期，全球将会有 120 亿吨的塑料废物进入海洋与陆地。按照来源，微塑料可分为初生微塑料和次生微塑料。以塑料垃圾为代表的污染源，在地表径流、大气扩散和人类活动等作用下，微塑料在土壤和水体中沉降和富集，并不断积累。微塑料因其粒径小、难降解等特点，其污染对生态系统的健康和安全构成了极大的威胁，与气候变化和臭氧层破坏一起被列为全球性的环境问题。

1. 陆地生态系统微塑料污染现状

微塑料污染一旦进入到土壤中，将会对土壤中的物质和能量流造成巨大的影响。其污染形式主要有两种：一是点源污染，它主要由废水处理后的水直接排入土壤，并由废水处理后产生的污泥进行再循环利用而直接排放到土壤中；二是面源污染，主要是通过使用农膜、塑料垃圾的填埋和堆肥等方式生产出来的。据统计，欧美地区每年可产生 43 万吨的微塑料，其主要来源为城市生活污水及污泥。另外；在墨西哥，大约 50% 的耕地被塑料薄膜覆盖；而在澳大利亚悉尼，其工业地区塑料薄膜的含量高达 7%；在德国，其固体废弃物堆积区塑料薄膜的含量可以达到 40%。

与发达国家比较，我国城市生活垃圾及污泥的排放量较大，但其处理技术还不够成熟，相关的政策及标准还不够健全，造成了土壤表面微塑料的污染问题，并表现出显著的区域分异。例如，在我国西南地区，随着塑料薄膜的广泛应用，该区的表土中存在着大量的微塑料；云南许多风景区，以旅游为主导的第三产业正在发展，然而，由于人们对生活垃圾的不当处置，使这些地区的土壤中出现了大量的微塑料粒子；长江经济带作为人口密集、经济发达的区域，其生态环境中的微塑料含量也相对较高。

2. 水环境微塑料污染现状

由于其高浮力、难降解等特性，近几年来，在海潮动力、紫外辐射等因素的影响下，塑料开始大规模地进入海岸带，并逐步转化为微塑料。微塑料作为一种新型的海洋污染物，已受到联合国环境署的高度重视。据统计，仅 2010 年，全世界就有 480 万～1 270 万吨的塑料废弃物被排入大海。在世界范围内，塑料废弃物占全世界海洋和近海环境的 80%，其中，悬浮于海洋表面的微塑料颗粒数量已经突破了 5 万亿，对海洋生态系统造成了巨大的经济损失。水环境中的各类纳米级和微米级塑料颗粒可以以各种形式在水环境中持续累积，例如，深海水体，深海沉积物，表层海水，近海海滩，岛礁海岸带沙滩，江口及湖面上的任意一处，广泛存在于贝类体内和海盐结晶中，严重威胁着水生生态系统的健康。已有研究表明，长江、汉江、椒江、瓯江、闽江等多条河流中都有微塑料污染，其浓度为 1 000～3 000 个/立方米。太湖是一种典型的淡水型湖泊，其表面水中存在着约 6.8 mg/立方米的微塑料。同时，研究者还在西藏地区 4 个极为偏僻的湖泊沉积物中检测到了大量的微塑料。

3. 微塑料监测现状

目前，我国土壤、水体等水体中的微塑料污染问题已经非常严重，但目前针对其来源及时空分布特征的监测与研究还很缺乏。在世界范围内，虽然有一些国家已经初步形成了对微塑料污染的监测体系，但是，这些体系的尺度还很小，而且，对于多介质环境中微塑料污染的关联监测、检测与预警还缺乏足够的认识。因此，迫切需要对微塑料进行动态监测，弄清其在不同时间尺度上的时空分布特征及其环境行为机理，从而为其防治提供重要的理论基础。

与欧美等发达国家相比，目前，国内对微塑料污染治理的相关研究尚处于初级阶段。华东师范大学、香港大学、中国科学院烟台海岸带研究所、国家海洋环境监测中心等单位于 2013 年率先开展了这方面的研究工作。2015 年，国务院办公厅印发《生态环境监测网络建设方案》，要求到 2020 年，初步建立起陆海统筹、天地一体、上下协同、信息共享的生态环境监测网络。同时，要加强对化学品、持久性有机污染物、新特性污染物和危险废物的监控。基于这一认识，相关部门在国家层面上采取了一系列的具体举措，从而加快了现代化生态环境监测体系的建立和完善。生态环境部《2018 年度〈水污染防治行动计划〉重点任务实施情况》显示，11 个沿海省份编制实施了省级近岸海域污染防治方案，推进了海洋垃圾（微塑料）污染防治。2020 年和 2021 年，生态环境部党组书记孙金龙分别在《旗帜》和《人民日报》发表署名文章——《深入打好污染防治攻坚战 持续改善环境质量》和《持续改善环境质量》，提出要加强海洋垃圾和微塑料治理，强化源头控制、及时清理和全生命周期管理。相应地，科技部、国家自然科学基金委、中国科学院等陆续批准资助了100多项环境微塑料相关的科研项目。

当前，虽然在微塑料的监测方面取得了一些进展，但是，监测的范围并不广，缺乏相关的行业标准，监测体系也不完善，导致各部门在调查和监测方面的手段各不相同，监测和监测工作也不能做到密切地联系，监测数据的标准化、专业化、集成化和科学化，给我国的微塑料污染防控工作提出了巨大的挑战。

（二）微塑料监测技术与方法

1. 国外监测技术与方法

（1）原位监测网布设

目前，国内外对微塑料的监测网络研究仍处于起步阶段。相对于陆生环境，海洋环境中的微塑料含量及运移具有更大的时空差异，因此，针对具有高运移能力的聚乙烯、聚丙烯、聚苯乙烯等，开展其在水平及垂直两个尺度上的颗粒物含量监测，将是目前最重要的研究方向。在监测装置选取方面，各海域监测站必须配置单独的现场取样泵，用于采集水体中悬浮颗粒物。一般需要考虑50m、150m、200m三个深度，同时还需要定期检测10m深度处的微塑料丰度，进而通过对比不同深度处的微塑料丰度来测算其在海洋内部的扩散情况。针对混合层深层（MLD），采用电导率-温度-深度廓线等参数测量方法，并与海洋温度站观测资料进行对比，以检验其准确性。然而，目前在极地区域，主要是利用红外傅里叶分析技术来实现对大气中微塑料颗粒的探测。例如，ROSS等人已在欧洲及北美洲北极（含北极点）及波福特海6个站点收集到71个样品，采用红外光谱、傅立叶变换等方法对样品进行分析，并结合样品的风化特征，推断出在大西洋洋流作用下，北极东海岸比北极西海岸具有更大的空间分布，从而揭示北极东海岸在太平洋洋流作用下的空间分布格局。

目前，水体中微塑料污染的监测主要集中在污水处理方面。由于城市生活污水处理系统难以实现对水中微塑料的高效去除，因此，开展对城市生活污水处理系统中聚乙烯、聚丙烯、聚酯和聚酰胺等微塑料的实时监控具有重要意义。GATIDOU等在前期工作中，依托排水管网及水库大坝现场监测网络，发现废水中微塑料的去除效率与其粒径及工艺过程密切相关。ANDERSON等通过对莱茵河不同部位微塑料含量的对比分析，发现在沉积物中，溶质运移速率相对缓慢，而沉积物中的微塑料含量相对较高。

(2)样品采集与检测技术

目前，对微塑料样品的采样方法有两种：一种是选择采样（筛选、过滤、浮选、密度分离、电荷分离）；另一种是浓缩取样。在这两种采样模式中，选择采样模式主要是针对陆表沉积物，而浓缩取样模式是针对水环境的。密度分离技术是基于塑料密度（0.8~1.4g/cm³）和沉积物密度（通常为 2.65g/cm³）的差异，将 NaCl 饱和溶液（1.202g/cm³，25℃）与沉积物样品混合，利用塑料颗粒物密度相对较低的特性，通过浮选方法将微塑料颗粒与其他颗粒（如沙粒）分离开来。对于粒径大于 300μm 的微塑料，通常采取使用硝酸清洗样品的萃取方式。CLAESSENS 等通过萃取方式将土壤样品中微塑料的提取效率提升到了 98%。而 HIDALGO 等利用 500μm 孔径细滤器，采用在水中加入盐来提高水质浓度的方法，提高水中微塑料的分离效率，从而达到准确估算其浓度的目的。然而，如何分离粒径小于 150μm 的微塑料颗粒，目前仍是一个难题。IMHOF 等借助稠密流体，使用塑料沉积物分离器对微塑料颗粒进行了分离，成功分离出粒径仅为 9μm 的微塑料颗粒，并有效测量了意大利卡尔达湖淡水样本中的微塑料颗粒浓度。

此外，结合解剖结构，采用可视化分类法，实现对微塑料与有机碎屑（干藻类、海草、贝壳碎片、木材等）和其他材料（玻璃、焦油、金属等）的有效区分。现阶段的大多数研究在对微塑料粒子进行监测时，在陆地土壤中的取样深度较浅，仅在农业土壤中的取样深度可至 30cm，而在其他类型土壤中普遍小于 5cm。

(3)室内分析技术

微塑料的室内分析技术因样品物理性质而异。对于漂浮性微塑料，扫描电镜—能谱仪（SEMEDX）可以用来量化单位体积样本中微塑料颗粒（粒径 0.5~10μm）的数量。ZUCCARELLO 等使用 SEM－EDX 鉴定了未经消化处理或过滤工艺提取的矿泉水样本，证明了 SEM－EDX 在微塑料鉴定方面具有很高的准确性。

随着土壤环境样品组分及来源的多样化，其分析方法也不断发展。例如，在对农田土壤中的污泥样品进行分析时，必须先对其进行密度分级，再视情况使用过氧化氢等洗涤剂进行预处理，最后通过光学显微镜和傅里叶变换红外光谱技术进行分析。VANDENBERG 等在西班牙瓦伦西亚的乡村进行的一项调查显示，在使用污泥后 10 年里，土壤中的微粒塑料含量是原来的 3 倍，每千克土壤样本中的微塑料颗粒数达到了 3 330 个；而未做任何处理的对照组，其土壤中微塑料含量仅为加有污泥的 1/3。然而，目前常用的傅里叶变换红外光谱分析方法，对于颗粒物及天然材料等颗粒物，其空间分辨能力还不够强，需要采用全反射红外光谱分析方法（ATR－μFTIR）进行矫正。

对于城镇微塑料样本，主要采用加压液相萃取（PLE）结合热解－气相色谱－质谱（Pyr－GC－MS）技术从土壤沉积物中提取 PE、PP 和 PS 等微塑料颗粒。基于这一方法，DIERKES 等发现，德国科隆主干道旁土壤样品中的微塑料质量丰度为（915±63）mg/kg，并且过氧化氢处理和超声波密度分馏提取可提高微塑料丰度的量化精度。MEIXNER 等利用该技术获得了在德国和奥地利城镇典型样点采集到的土壤中的微塑料丰度。

除此之外，考虑到此类预处理手段可能会加速样本的矿化过程，FULLER 等采用加压流体萃取（PFE）方法结合傅里叶变换红外光谱技术，测得了澳大利亚悉尼工业设施附近不同土壤样点的微塑料丰度（2 400mg/kg），结果表明该地区已经出现了比较严重的微塑料污染。KANKANIGE 等基于傅里叶变换红外光谱技术定义了 60% 的光谱相似性指数阈值，其研究结果表明，傅里叶变换红外光谱技术可用于分析土壤中粒径大于 $50\mu m$ 的微塑料。

2. 国内监测技术与方法

目前，我国土壤微塑料污染主要以农田、林地等为研究对象，其污染物质主要为纤维、薄膜、碎屑、颗粒物、泡沫等。这些微塑料载体中包含了 PE、PP、PS、聚酯和聚丁烯等多种聚合物成分。研究表明，土壤中微塑料与植物根系、水稳性团聚体、有益菌等之间存在交互作用，使土壤中邻苯二甲酸酯（PAEs）含量升高，有益菌（PAEs）活性下降，从而对土壤功能多样性产生重要影响。

目前，我国对水体中微塑料的监测主要分为两类，一类是对水体中微塑料的监测，另一类是对淡水水体中微塑料的监测。其中，我国咸水系统监测中较为成熟的监测网络多建于黄渤海滨海河口地区和东南沿海地区，而淡水系统监测则主要开展于黄河中游地区和辽河流域。以水体中微塑料为研究对象，采用样品收集与浮选技术，获取水体中微塑料的丰度、碳、氮之间的相关关系、微塑料粒子的团聚规律等。需要特别说明的是，对湖泊等淡水系统的微塑料监测一般包含对上游冰川融水中微塑料颗粒的丰度监测及汇集规律分析，本项目拟以我国北方典型湖泊为研究对象，采用原位监测与室内模拟相结合的方法，研究重金属污染物在不同水体中的迁移转化规律。同时，污水排放特征、土地利用方式、富营养化水平等对水中微塑料污染的响应机制也是亟待解决的科学问题。目前在我国使用的方法有：

(1)分离富集

微塑料的分离富集以物理方法为主，其中水体中微塑料的分离富集主要用密度分离法，土壤和沉积物中微塑料分离富集的方法主要有密度分离法、油提法、静电分选法，个别情况下会用到泡沫浮选法、磁性分离法、加压流体萃取法等。

(2)杂质去除

分离富集后的微塑料样品中含有微生物、藻类、植物碎屑以及裹挟的土壤和沉积物颗粒等杂质，需要使用化学消解进一步去除这些杂质，以保证微塑料纯度和测定结果的准确性。此过程所使用方法主要包括酸处理法、碱处理法、氧化法和酶消解法等。目前最常用的是氧化法中双氧水氧化法和芬顿试剂氧化法，必要时会使用硝酸同时提供氧化性和酸性，当样品中含有较多石英砂杂质时会使用氢氟酸去除。

(3)仪器检测

对微塑料鉴别及表征的方法包括显微镜观察法、傅里叶红外光谱法(FTIR)、拉曼光谱法(Raman)、激光红外光谱法(LDIR)和质谱分析法(MS)。目前最常用的尤其是在批量样品检测时，$5mm \sim 500\mu m$ 的一般使用傅里叶红外光谱法(FTIR)，$500\mu m \sim 20\mu m$ 的使用激光红外光谱法(LDIR)。

当前，尽管在监测方面取得了一定的成绩，但仍存在一定的不足。首先，监测的内容、监测的广度等方面存在缺陷。如图 7-42 所示，在重点防控区建立起一套全方位、多地域、长时间序列的立体监测系统。其次，因检测手段与监测仪器的差异，造成检测结果差异较大，横向比较困难。因此，建议构建统一的监测框架，有针对性地出台针对特定重点防治区域的监测技术规范。在此基础上，结合环境中微塑料颗粒物对周围生态环境的危害，建立全面的微塑料颗粒物监测体系。

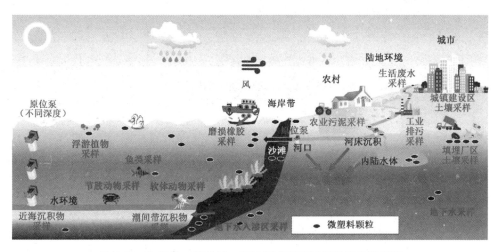

图 7-42　全方位、多区域、长时间序列的微塑料综合监测网

参考文献

[1]仇吉星．生态环境监测与生态环境监测技术的发展[J]．建材与装饰，2022，18(12)：129－131．

[2]黄秋萍．空气生态环境监测技术[J]．消费导刊，2015(8)：269．

[3]张爱春．生态环境监测技术探讨[J]．新材料新装饰，2014(6)：350．

[4]刘玥．生态环境监测和生态环境监测技术的发展[J]．砖瓦世界，2020(2)：110．

[5]姚运佳．生态环境监测与生态环境监测技术的发展[J]．魅力中国，2020(18)：1－2．

[6]何萍萍．生态环境监测与生态环境监测技术的发展[J]．城市建设理论研究(电子版)，2015(8)：3312－3313．

[7]田宇．生态环境监测与生态环境监测技术的发展[J]．城市建设理论研究(电子版)，2015，5(13)：4355－4356．

[8]熊淑明．生态环境监测与生态环境监测技术的发展[J]．科技展望，2015(23)：130．

[9]刘影．生态环境监测与生态环境监测技术的发展[J]．黑龙江科技信息，2014(17)：114．

[10]张晓鹏．生态环境监测与生态环境监测技术的发展[J]．黑龙江科技信息，2014(24)：112．

[11]陈晓斌．生态环境监测与生态环境监测技术的发展[J]．黑龙江科技信息，2013(1)：67．

[12]黄黎黎．生态环境监测与生态环境监测技术的发展[J]．城市建设理论研究(电子版)，2013(13)：1－4．

[13]刘雪莹．生态环境监测技术的运用与发展[J]．资源节约与环保，2023(4)：63－66．

[14]冯金静．生态环境监测与生态环境监测技术的发展[J]．消费导刊，2018

（38）：226.

[15]沈庆舟，徐茵茵，严俊．生态环境监测与生态环境监测技术的发展[J].中国科技纵横，2018(8)：12，14.

[16]公华林，刘娅琳，孙军，等．生态环境监测与生态环境监测技术的发展[J].黑龙江环境通报，2022，35(4)：17—20.

[17]陈志，王志．土壤生态环境监测技术综述[J].资源节约与环保，2020(8)：58.

[18]赵芝君．生态环境监测技术的应用浅探[J].中国化工贸易，2017，9(14)：132.

[19]金扬旸，楼敏捷，吴庆瑞．生态环境监测与生态环境监测技术的发展探讨[J].皮革制作与环保科技，2023，4(1)：45—47.

[20]吕庆銮，满杰，陆希峰．化工厂生态环境监测技术[J].化工管理，2018(17)：165.

[21]靳常敏，曹飞．水质生态环境监测技术和仪器[J].湖北农机化，2020(20)：36—37.

[22]王雪，崔起君．生态环境监测技术的应用分析[J].科学与财富，2020(4)：144.

[23]郭海波．生态环境监测与生态环境监测技术的发展[J].皮革制作与环保科技，2021，2(23)：94—96.

[24]殷圆圆，程鸣．生态环境监测与生态环境监测技术的发展[J].环球市场，2019(17)：339，341.

[25]王晓星．生态环境监测与生态环境监测技术的发展[J].当代化工研究，2021(17)：128—129.

[26]候怀志．生态环境监测技术问题及对策[J].黑龙江科技信息，2017(2)：135.

[27]张丰焱．生态环境监测技术的应用分析[J].中国科技投资，2017(35)：330.

[28]吴红英．生态环境监测技术问题及对策[J].科技创新与应用，2016(34)：146.

[29]刘双．关于生态环境监测技术的研究[J].中国科技投资，2016(7)：237.

[30]李海洋．浅谈生态环境监测技术的应用[J]．城市建设理论研究(电子版)，2015(11)：3054．

[31]施桃红．生态环境监测技术的发展分析[J]．化工管理，2015(32)：153．

[32]唐亮．生态环境监测与生态环境监测技术的发展[J]．环境与发展，2020，32(6)：153，155．

[33]杨思伟，张仲敏．生态环境监测与生态环境监测技术的发展分析[J]．资源节约与环保，2020(4)：51．

[34]徐香琴．生态环境监测与生态环境监测技术的发展[J]．环境与发展，2017，29(10)：159－160．

[35]富宏宇，曾庆芳．试析生态环境监测技术的发展[J]．环球市场，2018(7)：387．

[36]裴海燕．我国生态环境监测技术的现状与发展[J]．清洗世界，2022，38(6)：72－74．

[37]邱文军．生态环境监测与生态环境监测技术的发展[J]．传奇故事，2022(17)：19－21．

[38]董珉．生态环境监测技术的应用现状及发展[J]．皮革制作与环保科技，2023，4(2)：34－35，38．

[39]高华，杜艳雷．生态环境监测与生态环境监测技术的发展[J]．科技资讯，2011(15)：154．

[40]林舒贝．浅谈生态环境监测技术[J]．科学时代，2013(8)：2．

[41]陈强．生态环境监测技术的现状与发展[J]．城市建设理论研究(电子版)，2016(9)：8．

[42]张玉芳．生态环境监测技术的现状和发展[J]．低碳地产，2016，2(17)：400．

[43]刘建南．生态环境监测与生态环境监测技术的发展[J]．节能与环保，2019(1)：74－75．

[44]赵倩．生态环境监测与生态环境监测技术的发展分析[J]．百科论坛电子杂志，2019(22)：458．

[45]吴洋．生态环境监测与生态环境监测技术的发展分析[J]．山东化工，2019，48(17)：242．

[46]何勇．生态环境监测与生态环境监测技术的发展分析[J]．资源节约与环

保，2019(7)：30.

[47]厚彦明．我国生态环境监测技术的现状与发展[J]．甘肃科技，2021，37(6)：22－24.

[48]杨静．生态环境监测与生态环境监测技术的发展[J].区域治理，2020(39)：145.

[49]冯燕，董丽娜，张梁，等．生态环境监测技术发展浅析[J].城市建设理论研究(电子版)，2014(13)：11221－11223.

[50]刘伟．生态环境监测与生态环境监测技术的发展研究[J].资源节约与环保，2014(1)：95.

[51]黄鲁宁，高鸿，石常涛．环境保护中生态环境监测技术探究[J].农业与技术，2014(4)：264.

[52]陈善荣．保护生态环境要摸清家底掌握动态[J].环境与生活，2019(6)：85.

[53]吴季友，陈传忠，蒋睿晓，等．我国生态环境监测网络建设成效与展望[J].中国生态环境监测，2021，37(2)：1－7.

[54]HJ493－2009，水质．样品的保存和管理技术规定[S].

[55]GB/T 14848－2017，地下水质量标准[S].